Habtemariam Abate Gorfe

Protocolo de comunicação e planeamento eficaz do programa

Habtemariam Abate Gorfe

Protocolo de comunicação e planeamento eficaz do programa

ScienciaScripts

Cover image: www.ingimage.com

This book is a translation from the original published under ISBN 978-3-639-66491-1.

Publisher:
Sciencia Scripts
is a trademark of
Dodo Books Indian Ocean Ltd. and OmniScriptum S.R.L publishing group

120 High Road, East Finchley, London, N2 9ED, United Kingdom
Str. Armeneasca 28/1, office 1, Chisinau MD-2012, Republic of Moldova, Europe
Managing Directors: Ieva Konstantinova, Victoria Ursu
info@omniscriptum.com

Printed at: see last page
ISBN: 978-620-8-39609-1

Índice

Agradecimentos:

O Autor reconhece os contributos do Dr. Marco Quinones, Diretor Sénior, Implementação Geográfica, Dr. Tareke Berhe, Diretor, Cadeia de Valor do Tef e do Arroz, Dr. Seife Ayele, Diretor, Acesso e Adoção de Tecnologia na Agência de Transformação Agrícola para melhorar o conteúdo deste manuscrito. Além disso, agradecimentos especiais vão para o Sr. Darshan Grover, Consultor Internacional, Acesso e Adoção de Tecnologia, pela leitura rigorosa, edição e melhoria do manuscrito.

Capítulo 1. Antecedentes

Antes da década de 1970, a Etiópia era conhecida por ter um excedente alimentar significativo, chegando mesmo a exportar géneros alimentícios, especialmente leguminosas e oleaginosas. Depois disso, a insegurança alimentar tornou-se uma questão cada vez mais importante. A ausência de mecanismos eficazes de fornecimento de tecnologia agrícola, o isolamento da economia etíope dos mercados internacionais, das finanças, do capital e da tecnologia e a total negligência do Governo Imperial em relação à agricultura e à economia rural foram algumas das razões responsáveis por esta crise (Cohen, 1987). A agricultura tradicional etíope sofria exclusivamente de falta de exposição e de afastamento em comparação com os sistemas agrícolas praticados noutros locais, mesmo no interior do continente. Antes da segunda metade do século, foram feitos apenas alguns esforços frágeis, enquanto a intervenção consciente e deliberada do Estado só começou muito tarde, na década de 1960.

De todos os vários serviços introduzidos, a extensão agrícola ocupa uma posição proeminente e é conhecida por ser um dos serviços mais reconhecidos prestados para mudar a situação da agricultura familiar nas zonas rurais da Etiópia (Habtemariam, 2007). Estes serviços transformaram-se através de várias fases, incluindo a Abordagem de Extensão Convencional, a Abordagem de Pacotes Integrados de Projectos Abrangentes, a Abordagem de Pacotes Mínimos, e as Abordagens de Agricultura Colectiva, que foram experimentadas durante quase duas décadas entre 1960 e 1980.

Embora a maioria destas abordagens não tenha sido bem sucedida, registaram-se algumas mudanças graduais. Em vez de alterar drasticamente o modo de produção e de consumo e o nível da economia rural, como noutras partes do mundo, o estatuto dos agricultores etíopes permaneceu praticamente inalterado. Não conseguiram introduzir mudanças estruturais que alterassem a situação da agricultura de subsistência, baseada em pequenos agricultores, para o tipo de sistemas agrícolas mais comerciais, altamente mecanizados e altamente organizados que se pretendia.

Uma das principais razões para este facto deve-se à reduzida cobertura dos serviços prestados ao abrigo destas abordagens. Não podiam abranger mais de 5% de todo o país, tanto em termos de área como de população. Estavam confinados a uma determinada área simétrica num raio de 15 quilómetros de cada lado de uma estrada principal, designada por "área de pacote mínimo" ou a uma determinada bolsa geográfica, designada por "área de pacote global". Só no final dos anos 80 é que se deu um passo significativo, quando o país foi dividido em oito regiões agro-ecológicas, a fim de proporcionar uma cobertura mais eficaz a todas as zonas potenciais do país, no âmbito da abordagem de extensão "Formação e Visita" (T&V).

Embora a cobertura geral tenha melhorado durante este período, o conteúdo da extensão foi altamente difundido. O papel dos agentes de extensão de base era apenas o de providenciar formação oral ao estilo de uma sala de aula, em grande parte desprovida de elementos técnicos substantivos, quer sejam tecnológicos, agronómicos ou económicos, que são frequentemente responsáveis pela mudança transformacional na agricultura dos pequenos agricultores (Habtemariam, 1997). A abordagem baseava-se em fornecer conselhos de extensão simples, baseados em manuais, para que os agricultores (muitas vezes conhecidos como 'agricultores modelo') mudassem os seus comportamentos fundamentais (atitude, conhecimentos, competências e práticas). O pressuposto era que o resto da comunidade agrícola receberia então a informação através da difusão ou da teoria comum do processo de 'trickle down'. No entanto, isto não aconteceu na prática, uma vez que os agricultores não tiveram a oportunidade de avaliar na prática a tecnologia introduzida, o que deu origem a que o sistema fosse referido pelos agricultores como o sistema "falar e desaparecer".

Apesar da aplicação de todas estas abordagens durante as primeiras três a quatro décadas da segunda metade do século, o estado da agricultura familiar na Etiópia deteriorou-se ainda mais, transformando o país num dos mais inseguros em termos alimentares e num país importador líquido de cereais. Para além da ineficácia das estratégias de intervenção tentadas, os riscos naturais, incluindo as alterações climáticas, a degradação ambiental associada e a fragmentação das terras agravaram o problema dos sistemas agrícolas dos pequenos agricultores na Etiópia. Esta situação levou muitos a aceitar com relutância que há pouca esperança de melhorar a produtividade da agricultura de pequena escala na Etiópia

A segunda metade da década de 1990, no entanto, marcou um ponto de viragem para um número limitado de pequenos agricultores etíopes, que conseguiram duplicar, triplicar ou mesmo quadruplicar a sua produção, por unidade de terra, nas principais culturas alimentares, como o milho, o trigo, o tef e o sorgo. Este facto foi associado ao advento da abordagem da extensão baseada em pacotes, introduzida pela Sasakawa-Global 2000 e posteriormente adoptada e ampliada pelo Governo da Etiópia.

Os progressos alcançados com a abordagem Sasakawa-Global 2000 resultaram, em grande medida, de dois factores críticos introduzidos pelo projeto: o conteúdo/pacote técnico e o mecanismo de entrega utilizado como canal de difusão da tecnologia (Habtemariam, 1997). O pacote técnico foi fundamental para definir os elementos tecnológicos essenciais responsáveis pela maximização da produtividade, com a participação de todos os actores-chave: a liderança política, a investigação, a extensão, a educação, os fornecedores de factores de produção, as instituições financeiras, entre outros. Na produção de culturas, por exemplo, o pacote técnico consistia em novas variedades, métodos melhorados de fertilização e outras práticas como o espaçamento e as técnicas de plantação, que ajudaram drasticamente a maximizar os rendimentos, enquanto o modelo de extensão substituiu o ensino manual, tipo sala de aula, por um método de formação muito eficaz, prático e participativo, conhecido como a abordagem 'Extension Management Training Plot' (EMTP) (Fig. 1).

Fig 1: Parcela de milho gerida pelo agricultor (CLS-FD), em grande escala, com base em agrupamentos EMTP

Através da abordagem EMTP, mais participativa, os agricultores puderam ver, tocar, experimentar e interagir com os novos métodos e, ao mesmo tempo, avaliar as vantagens de rendimento do novo pacote técnico, medindo fisicamente o rendimento obtido nas suas próprias parcelas. Em vez da forma tradicional de medir os resultados, que se baseava na extrapolação dos resultados de produção obtidos numa parcela experimental muito pequena (10 metros por 10 metros) situada num campus de investigação vedado ou num exemplo hipotético apresentado numa aula. Ambos os modelos eram altamente prescritivos e de cima para baixo, o que não permite que os agricultores avaliem eficazmente e, em última análise, adoptem as novas tecnologias. Para além de transmitir melhores conhecimentos e práticas agronómicas através das parcelas de meio hectare, permitindo aos agricultores avaliar mais facilmente o seu sucesso, foram organizados dias de campo e feiras agrícolas ao longo de todas as principais fases do ciclo das culturas em demonstração. A televisão, a rádio e a imprensa também participaram ativamente na divulgação dos resultados. Estas novas abordagens aceleraram a mudança de comportamento e o processo de adoção de tecnologias e difundiram-nas rapidamente em todas as agro-ecologias da Etiópia rural.

Como parte da transmissão dos conhecimentos e competências necessários através das demonstrações práticas da abordagem EMTP, o sistema de extensão comprometeu-se a facilitar o fornecimento de insumos e serviços financeiros/crédito até que os agricultores atingissem o nível de confiança e fossem capazes de utilizar amplamente a tecnologia e substituir (ou adaptar-se) às suas práticas tradicionais. Estes serviços devem ser prestados pelos agentes da extensão durante a fase de extensão para encorajar os agricultores a adoptarem a nova tecnologia, e não se pretende que o sistema de extensão seja uma agência de fornecimento de insumos. O sistema indicou claramente, desde a fase inicial do programa, que na fase de produção, a responsabilidade passaria para as instituições públicas e privadas especializadas no fornecimento de insumos e de crédito, incluindo as Instituições de Micro Finanças (IMFs), os bancos rurais, os sindicatos de agricultores e as empresas de sementes/fertilizantes.

Este novo método de financiamento da extensão e dos insumos durante a fase de extensão foi adotado e introduzido gradualmente pelo Governo da Etiópia em apenas dois anos após a implementação bem sucedida do programa, em que o sistema nacional de extensão, o Sistema Participativo de Demonstração e Formação da Extensão (PADETES) foi formulado através da hibridação de alguns elementos dos modelos de extensão EMTP e T&V. O PADETES tomou emprestado os elementos de formação, demonstração e expansão (aumento de escala através de dias de campo e uso extensivo dos meios de comunicação) do modelo da abordagem EMTP de Sasakawa-Global 2000, enquanto que a estrutura dos Agentes de Desenvolvimento (ADs), supervisores e Especialistas na Matéria (SMSs) e todo o sistema de gestão da extensão foi adotado do sistema de T&V. Isto também incluiu a provisão de incentivos para o pessoal da extensão de base e o elemento crítico de melhorar a mobilidade ao nível da base (bicicletas e motociclos para os DAs e supervisores). Esta abordagem de pacote à extensão foi também partilhada com o Ministério da Saúde para ajudar na conceção do seu popular programa de pacote de extensão de saúde baseado na prevenção.

Capítulo 2. Sugestão de protocolo de comunicação para a campanha de 2014

2.1 Ferramenta para definir o protocolo de comunicação

2.1.1 Preâmbulo

A forma e o conteúdo de um método de comunicação ou de um protocolo de comunicação previstos dependem da política global de desenvolvimento do país e da natureza e do conteúdo dos elementos do sistema de extensão em vigor:

- Os objectivos,
- O público-alvo ou a clientela,
- A oferta (conteúdo),
- Os métodos de comunicação, e
- A organização é criada.

Estes elementos do sistema, também designados por subsistemas, são interdependentes e estão altamente interligados entre si, como se pode ver na Fig. 2 (Habtemariam, 1997). Cada um deles exerce uma influência generalizada sobre os outros. A alteração ou modificação de um deles exige alterações no outro subsistema, de modo a manter a harmonia e o alinhamento com o todo ou com o sistema inteiro, influenciando assim o tipo e a natureza do protocolo de comunicação ou de demonstração. Por exemplo, se a clientela de uma determinada comunidade tem como prioridade o grupo feminino da sociedade, então os objectivos, o conteúdo, o método de comunicação e a estrutura organizacional do atual sistema de extensão concebido para servir as mulheres agricultoras será diferente daquele que operava com os homens agricultores. Da mesma forma, um sistema de extensão que envolve uma tecnologia de capital intensivo (conteúdo) requer uma categoria alvo de pessoas que estão em melhor situação ou que têm acesso a capital, crédito ou outros factores de produção agrícola do que outro sistema de extensão que lida com uma tecnologia de baixo consumo de insumos. Os agricultores em melhor situação procuram naturalmente o aconselhamento da extensão e tentam aceder à informação de várias fontes por si próprios, pelo que são menos dependentes do serviço público de extensão. A organização de extensão, portanto, não precisa de se preocupar tanto em reforçar as suas estratégias de comunicação como deveria fazer com os pequenos agricultores.

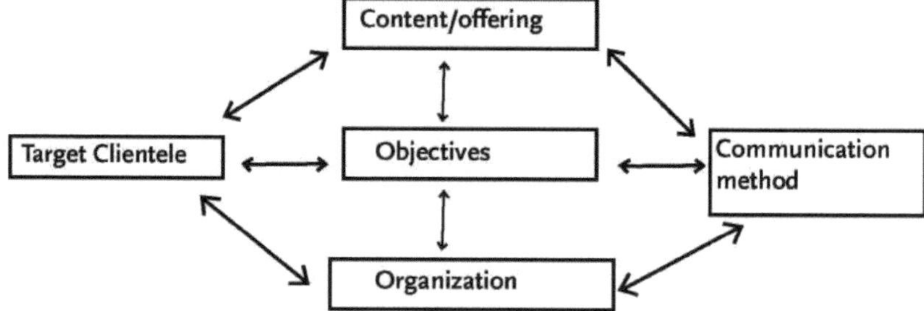

Fig.2. Interplay of extension system elements

A interação ou interdependência é apresentada de forma mais pormenorizada nos seguintes pontos

2.1.2 Os objectivos

As abordagens de extensão podem ter objectivos diferentes. Algumas podem centrar-se nas necessidades locais, outras nas necessidades centrais ou nacionais; outras ainda podem tentar realizar ambos os objectivos sem discriminação.

Algumas abordagens de extensão centram-se na consecução da segurança alimentar nacional e têm como clientela os agricultores que residem em agro-ecologias altamente produtivas, enquanto outras dão ênfase à equidade e abordam a questão das regiões agro-ecológicas marginalizadas ou pobres. Para a maioria dos países em desenvolvimento, alcançar a segurança alimentar, reduzir a pobreza e melhorar a base de recursos naturais são os objectivos estratégicos nacionais nas suas agendas de desenvolvimento. Dois dos Objectivos de Desenvolvimento do Milénio (ODM) consistem em reduzir a insegurança alimentar e a pobreza para metade até 2015. A segurança alimentar é e continuará provavelmente a ser, durante algum tempo, a principal obrigação de todos os governos em termos de bem público. Na Etiópia, desde recentemente, o principal objetivo de desenvolvimento tem sido a transformação da Economia Nacional e "Atingir o estatuto de país de rendimento médio até 2020/25" e está a ser abordado através de diferentes programas e projectos como o AGP, SLM, GTP e outros; todos eles contemplam os serviços de extensão como um pilar de apoio essencial.

Nenhuma definição formal poderá abarcar as metas e os objectivos ou as diferentes e complexas funções que os serviços de extensão modernos são hoje chamados a desempenhar. Basta dizer que os serviços de extensão, enquanto atividade, têm a ver com o trabalho com pessoas e situações diversas; não com culturas, gado, solos ou água (estes são apenas instrumentos e meios para atingir um fim: Chegar à população rural). Promover o conhecimento, disseminar a informação, desenvolver competências e ajudar a mudar atitudes, aspirações e resolver situações de conflito nas comunidades são o domínio dos serviços de extensão modernos.

Como claramente descrito no GTP quinquenal, na Etiópia, hoje em dia, a extensão está mandatada para abordar não só a segurança alimentar, mas também para alcançar um produto bruto agrícola mais elevado através do aumento da produtividade e do valor acrescentado da produção agrícola para aceder às oportunidades de mercado. Por conseguinte, será dada a máxima atenção a estes grandes objectivos na conceção das várias modalidades de promoção da tecnologia e na definição do protocolo de demonstração previsto para a época agrícola de 2014.

2.1.3 A clientela-alvo

A extensão enfrenta frequentemente o dilema de decidir onde trabalhar e que clientela servir. O desafio é enfrentado em termos de agro-ecologia, nível de riqueza e género.

No que respeita à agro-ecologia, os agricultores vivem em todas as agro-ecologias, incluindo zonas de elevado potencial de produção, zonas marginais, pastoris e degradadas. No que respeita à riqueza, existem agricultores ricos em recursos, agricultores em grande escala, pequenos agricultores e os mais pobres dos pobres, com diferentes dotações de recursos de produção. No que respeita ao género, há as mulheres, os homens, os jovens e os adolescentes. A questão é: onde é que a extensão deve investir (onde é que as demonstrações devem ser realizadas?) os seus escassos recursos em termos de agroecologia, riqueza e género?

A resposta aos dois primeiros desafios depende dos objectivos estabelecidos pelo governo. Por exemplo: Se o objetivo for a equidade, então o foco estará nos pequenos agricultores pobres que vivem em áreas marginais ou de baixo potencial, pelo que as demonstrações serão conduzidas principalmente nessas áreas. Pelo contrário, quando o objetivo é a segurança alimentar nacional e o crescimento económico, então as áreas de elevado potencial de produção recebem a maior prioridade. Também se pode argumentar, do ponto de vista ambiental, que a agricultura de alta tecnologia leva a uma menor destruição da base de recursos naturais de uma determinada área do que a agricultura ineficiente e de baixa tecnologia.

O género é também uma consideração importante. A maior parte dos serviços de extensão normalmente direciona os seus serviços para o chefe do agregado familiar, que é do sexo masculino, partindo do princípio que o impacto se repercutirá no resto da família, mas isso nem sempre acontece. Além disso, as mulheres agricultoras, em particular as que vivem em agregados familiares chefiados por mulheres (FHH) e as que vivem em agregados familiares chefiados por homens (MHH) têm necessidades diferentes, mas geralmente essas necessidades específicas de género não são reconhecidas nem atendidas.

Os estudos demonstraram que, devido ao acesso limitado aos serviços de extensão, existe uma diferença de produtividade de 35% entre as MHH e as FHH, a favor das primeiras. Por outro lado, a abordagem da desigualdade aumenta a produtividade em cerca de 40%, como revelam os estudos. Assim, abordar a igualdade de género e as necessidades das mulheres não é apenas uma questão de equidade, mas também um meio ou estratégia para aumentar a produtividade, ou seja, a eficiência e a eficácia. Por conseguinte, o sistema de extensão, ou seja, a estratégia de demonstração, deve promover a igualdade dos géneros como forma de aumentar a produtividade e a competitividade das cadeias de valor dos produtos de base. O GTP estabeleceu claramente metas para atingir até 30% de FHH e 10% de jovens em todas as actividades de extensão, como a formação em pacotes de extensão, a identificação de agricultores de demonstração e outros métodos de transferência de conhecimentos.

Há também exemplos em que o aumento da produção e o acesso aos mercados podem trazer não só benefícios, mas também problemas, particularmente para as mulheres e as crianças do agregado familiar, quando os homens, enquanto chefes de família, ficam com todo o rendimento e não afectam fundos suficientes para comprar alimentos para a família. Isto pode resultar num agravamento da insegurança alimentar e nutricional, em vez de contribuir para a melhoria da qualidade de vida.

O nosso plano de demonstração agrícola deverá, portanto, tentar abordar essas questões pertinentes em função dos objectivos primordiais do serviço de extensão: maximizar a produção e o rendimento dos pequenos agricultores, para que o país atinja o estatuto de rendimento médio até 2020/25.

2.1.4 A oferta/conteúdo

A oferta ou mensagem a transmitir à comunidade agrícola é outra área de preocupação para uma agência de extensão. Algumas mensagens centram-se num único produto, enquanto outras envolvem todo o sistema agrícola. Outras centram-se na transferência de tecnologia como fim último, enquanto que para outras, a transferência de tecnologia é o meio ou instrumento para ter impacto nos recursos humanos (mudança de mentalidade) como objetivo último do desenvolvimento. Uma abordagem mais abrangente engloba igualmente todos os objectivos, de modo a que se reforcem mutuamente.

Para o futuro imediato, o Governo da Etiópia (GoE) está à procura de uma nova visão da extensão. Uma que esteja empenhada em servir o bem público da segurança alimentar e, ao mesmo tempo, responder e tirar partido das forças externas da globalização e da liberalização do comércio. A segurança alimentar e a redução da pobreza podem ser abordadas não só através do aumento da produtividade das culturas alimentares em grão, mas também através da exploração de novas oportunidades, como o desenvolvimento de microempresas complementares de culturas mistas e de gado, optimizando as contribuições da I&D para incluir novos sistemas agrícolas, como, por exemplo, a produção de árvores de fruto perenes de elevado valor e outras misturas de culturas de elevado valor (como cereais-leguminosas, produção de culturas oleaginosas, culturas hortícolas, etc.) e a transformação para exportação, para catapultar as populações rurais pobres para novos canais de comercialização (tanto nos mercados domésticos como nos mercados de exportação). Tendo isto em conta, na época agrícola de 2014, o programa de demonstração no terreno irá começar com culturas ou empresas prioritárias selecionadas (milho, trigo, tef, sorgo e cevada), abrangendo tanto os pacotes de extensão como de produção. Espera-se, no entanto, que o programa se torne mais diversificado nos anos seguintes.

2.1.5 O método de comunicação

Na fase inicial, o meio preferido de transmitir mensagens ou informações (sobre novas tecnologias ou inovações) à comunidade agrícola é geralmente a abordagem de comunicação individual, como a implementação de parcelas de demonstração geridas pelos agricultores. Estas parcelas de demonstração têm duas caraterísticas especiais, nomeadamente: "o conteúdo" (pacote técnico) e a "estratégia de comunicação" concebida para servir de canal para a disseminação da tecnologia. O pacote técnico é fundamental para definir os elementos ou componentes tecnológicos cruciais responsáveis pela maximização da produtividade. Deve ser formulado com os contributos de todos os actores-chave: A liderança política, pesquisa, extensão, educação, fornecimento de insumos, instituições financeiras e afins (Habte- mariam, 2013). Por exemplo, em relação à recente demonstração de Welayita SODO (SNNPR), o pacote técnico consistiu na utilização de uma variedade melhorada de milho de alto rendimento, no estabelecimento de uma população de plantas óptima e uniforme, no controlo atempado de ervas daninhas e insectos, e na utilização correta de tipos de fertilizantes, dosagem, tempo e modo de aplicação que, quando aplicados corretamente, produzem uma diferença de 4 vezes na maximização do rendimento em comparação com a produtividade média nacional do milho.

Para além do esforço feito para promover a tecnologia através da demonstração, foram organizados 2 dias de campo, que reuniram os decisores mais importantes, com o objetivo de os expor à tecnologia para acelerar o crescimento da agricultura na região. Da mesma forma, para além das competências proporcionadas através de parcelas de demonstração, os agricultores devem acolher dias de campo que são organizados com a ajuda do serviço de extensão ao longo das principais fases do ciclo de culturas em promoção. As visitas de estudo no terreno, tanto para os decisores como para os agricultores, devem ser apoiadas por meios de comunicação de massas, tais como manuais, cartazes, folhetos, televisão, rádio e imprensa. O uso de meios de comunicação integrados serve para acelerar a mudança de comportamento ou o processo de adoção de tecnologia, e espalhar as notícias sobre a nova tecnologia como um incêndio em todas as agro-ecologias potenciais do país.

Em terceiro lugar, o modelo de formação prática (um modelo de formação participativa muito eficaz do tipo "faça você mesmo", "veja e acredite") foi utilizado para formar a comunidade ATVET e o pessoal da RBoA, em vez do tipo de ensino manual ultrapassado em sala de aula.

Mais uma vez, tal como no SODO, outra caraterística importante das parcelas de demonstração é que a dimensão da parcela deve ser realista, para imitar as circunstâncias dos próprios agricultores (geralmente entre 2500 - 5.000 m2) e permitir que os agricultores não só avaliem a tecnologia em termos de rendimento, rentabilidade, investimento de capital para a compra de insumos e mão de obra necessária, mas também aprendam as competências necessárias para uma correta implementação e gestão.

Outra consideração importante é que a implementação de demonstrações no terreno apoiadas e tecnicamente apoiadas pelo serviço de extensão deve ser holística na sua abordagem. Ou seja, a conceção de métodos de comunicação eficazes, por si só, não pode constituir uma base suficiente para a adoção. Todo o processo deve contemplar o fornecimento de insumos, juntamente com a informação necessária sobre a sua utilização correta, e a formação de competências durante a implementação. As abordagens tradicionais de extensão, pelo contrário, baseiam-se fortemente na comunicação de informação técnica e não consideram se os insumos estão disponíveis ou não no local, portanto, a extensão não tem a certeza se os seus clientes têm acesso ao pacote e à implementação completa (MoA-Task force, 1995). Mesmo que os agricultores tenham acesso aos insumos, eles podem não ser capazes de aplicar plenamente a tecnologia, porque os agricultores podem não ter o capital financeiro necessário.

É importante sublinhar que o fornecimento de factores de produção e de crédito para a realização de demonstrações não deve implicar que os serviços de extensão devam estar envolvidos no fornecimento de factores de produção e de crédito para toda a comunidade agrícola, mas apenas para os agricultores participantes na demonstração, como instrumento pedagógico e para apoiar os agricultores na aquisição das competências necessárias para implementar a tecnologia. A facilitação do crédito financeiro na fase inicial tem um duplo resultado: Por um lado, torna os agricultores mais conscientes e presta mais atenção à aplicação correta da tecnologia, uma vez que tentarão minimizar o risco sobre os seus próprios recursos já investidos e, por outro, acelera a adoção da tecnologia. A facilitação de crédito é vigorosamente fornecida apenas por um curto período de tempo até que os agricultores atinjam o nível de segurança e sejam capazes de utilizar a tecnologia com confiança e substituir ou adaptar as suas práticas tradicionais (na fase de extensão) para encorajar os agricultores a adotar a nova tecnologia. Na fase de produção (expansão/expansão), a responsabilidade pelo fornecimento de factores de produção e pelo crédito cabe a instituições públicas e privadas especializadas no fornecimento de factores de produção e no crédito, tais como as IMF, os bancos formais, os sindicatos de agricultores, as empresas de sementes e fertilizantes, etc.

As parcelas de demonstração em grande escala geridas pelos agricultores tornam-se um poderoso meio de comunicação. O extensionista desempenha um papel de facilitador na gestão das parcelas. O agricultor é responsável pelo estabelecimento e gestão das parcelas, e não o contrário, como era frequentemente o caso nos modelos anteriores. Os agricultores, mais do que as parcelas, são o alvo principal, tal como se mostra no modelo A abaixo:

A. DA---------Farmer-----------Farm (Large Plot Size) = modelo de demonstração atual

B. DA---------Farmer (Small Plot Size)-----------Farmer = modelo de demonstração anterior

Através desta abordagem participativa, os agricultores são capazes de experimentar, ver, tocar, provar e ao mesmo tempo medir a vantagem de rendimento da inovação ou pacote técnico (Habtemariam, 2013). Eles podem avaliar o rendimento na sua própria parcela em vez de extrapolar o rendimento de uma parcela muito pequena de 10 x 10 metros ou de um exemplo hipotético fornecido numa sala de aula, como praticado por abordagens de extensão anteriores, como a do sistema de extensão T&V.

Em relação aos métodos de comunicação, outra consideração é que todas as actividades de extensão agrícola devem ter em conta as necessidades especiais das mulheres agricultoras, uma vez que elas são os principais actores em todo o desenvolvimento agrícola. Dado que a situação sociocultural das mulheres agricultoras é diferente da dos homens, o tempo, o local e o ambiente da formação devem ser flexíveis para se adaptarem ao seu contexto durante as formações, demonstrações, etc. O conteúdo das formações, especialmente concebidas para peritos e promotores públicos, deve incluir informações sobre o género e sobre a forma de chegar às mulheres agricultoras. Permitir que os promotores públicos compreendam o papel das mulheres e dos homens nos diferentes sectores da atividade agrícola pode ajudá-los a prestar um apoio técnico pertinente e significativo a cada cliente. Os outros materiais e meios de comunicação de informação e educação, como cartazes e programas de rádio, devem ter em conta a questão do género. Para além disso, os grupos e redes de desenvolvimento de mulheres agricultoras podem ser utilizados como uma entrada para chegar a mais mulheres agricultoras.

2.1.6 A organização da extensão

Segundo Habtemariam (2007), a prestação de serviços formais de extensão às comunidades agrícolas foi iniciada na Etiópia pelo Imperador Menelik II no início do século XX. Desde então, o serviço de extensão tem-se mantido como um serviço público incontestado e é provável que continue a sê-lo num futuro previsível. No entanto, para os académicos e peritos em extensão, que estudaram a situação atual da extensão no quadro das tendências da globalização e das oportunidades de mercado emergentes, tendem a concordar que, a longo prazo, o sistema de extensão poderá ter de continuar a evoluir de modo a incluir outros mecanismos inovadores de organização e de prestação de serviços, a fim de melhor satisfazer as necessidades dos agricultores e também de atingir um nível adequado de sustentabilidade

Existem também critérios diferentes quanto à forma como o serviço de extensão deve ser organizado. Nalgumas situações, o serviço de extensão é organizado funcionalmente por agro-ecologia (extensão de terras altas, extensão de terras baixas, extensão pastoral, extensão de irrigação, etc.). Outras vezes é organizado por produto ou empresa (extensão agrícola, extensão pecuária, extensão florestal, extensão cafeeira, etc.). Usando esta última opção, muitas vezes há um problema de alinhamento e integração que leva a uma contradição na conceção de mensagens que se ajustam às necessidades do sistema agrícola e da comunidade. A primeira opção parece aliviar este problema, mas exige uma gestão hábil e uma utilização eficiente dos recursos, o que normalmente não acontece na realidade prática.

Em relação às questões organizacionais, existe também a questão da responsabilidade. As questões que normalmente se colocam são as seguintes: O agente de extensão deve ser responsável perante a comunidade onde reside, perante o governo ou perante ambos? Deverá o agente de extensão desempenhar um papel de facilitador, de consultor ou de persuasor? Quem é que toma as decisões na comunidade em matéria de agricultura (a própria comunidade ou o agente de extensão?)? As respostas a estas e outras questões devem ser sempre sólidas do ponto de vista político, profissional e ético, se a extensão tiver que trabalhar em harmonia com todos os seus parceiros, incluindo a comunidade. No entanto, isto acarreta o risco de que algumas respostas possam não ser aceitáveis para o agente, tendo em conta o seu empenhamento profissional e os seus valores morais. Além disso, pode haver contradições entre as necessidades centrais e locais. O equilíbrio entre as necessidades contraditórias das várias partes e o trabalho num ambiente dinâmico através da aplicação dos princípios mais recentes de criação de redes e alianças é o domínio dos serviços de extensão modernos.

Os serviços de extensão actuais devem também fazer parte integrante do processo de desconcentração e devolução do poder que envolve novas parcerias entre os Governos Federal e Regionais e as organizações de base dos agricultores, tais como cooperativas e outras organizações formais e não formais de agricultores, incluindo grupos de mulheres que devem desempenhar um papel importante na definição da agenda de desenvolvimento. Serviços de extensão descentralizados fortes são capazes de apoiar as suas instituições na implementação de acções locais de segurança alimentar e de desenvolvimento no contexto mais vasto de uma estratégia de desenvolvimento nacional.

Outra área importante relativa à configuração organizacional refere-se ao acesso às tecnologias agrícolas, geralmente realizado através do reforço dos mecanismos de ligação investigação-extensão. Atualmente, a ligação investigação-extensão está limitada a comunicações a nível macro e de gabinete, sendo as ligações menos eficazes a nível prático e no terreno.

A aplicação de mecanismos de ligação funcionais que envolvem a definição conjunta de pacotes de extensão, a formação conjunta, o apoio conjunto no terreno, a avaliação conjunta dos programas e as reuniões de revisão provaram ser mecanismos muito críticos e muito eficazes para tornar as ligações investigação-extensão uma realidade e não uma retórica.

No contexto organizacional, outra questão importante a ter em conta é a cultura de monitorização, aprendizagem e avaliação (MLE). A extensão baseia-se nos métodos da ciência e deve passar por um processo constante de controlo, aprendizagem e avaliação como elemento integrante do sistema. Neste contexto, a eficácia do trabalho de extensão é medida em termos das mudanças introduzidas nos conhecimentos, nas competências, nas atitudes e no comportamento de adoção das pessoas, e não apenas em termos de realização de objectivos físicos.

Tomando os elementos do sistema acima mencionados (objectivos, conteúdo, clientela, organização e métodos de comunicação), a serem considerados na criação de um sistema de extensão do país, os métodos de comunicação, que podem ser prontamente aplicados para a disseminação dos pacotes técnicos identificados para o milho, trigo, tef, mapira e cevada para a época agrícola de 2014; tais como demonstrações no terreno, formação, dias de campo, uso de meios de comunicação convencionais e sociais, feiras agrícolas e exposições são apresentados aqui. Os papéis e obrigações dos actores chave da investigação (EIAR e RARIs), extensão (MoA, RBoAs, ATA, AT- VET, FTC etc...) e outros parceiros na implementação destas demonstrações são também elaborados. Acredita-se que os outros 4 elementos do sistema serão definidos urgentemente num futuro próximo, quando um sistema de extensão abrangente para o país for projetado.

2.2 Sugestão de protocolo de comunicação para a difusão dos pacotes técnicos para a campanha de 2014

2.2.1 Demonstração no terreno

Uma abordagem ou estratégia de demonstração no terreno em duas vertentes, identificada para levar a cabo a transformação da pequena agricultura num futuro previsível, incluía demonstrações pré-extensão e de pacotes completos. As tecnologias a demonstrar podem envolver diferentes sectores ou empresas.

2.2.1.1 Demonstrações de pré-extensão

Estes desempenham mais uma função de investigação. Eram anteriormente conduzidas pelo EIAR e pelos RARIs, que eram geralmente referidos como "pré-escalonamento". Conforme acordado durante o workshop de formulação do Pacote de Extensão e os workshops da iniciativa das cadeias de valor regionais, as demonstrações de pré-extensão serão conduzidas ao nível dos FTC e ATVET a partir da época agrícola de 2014 pela extensão (RBoAs) com o apoio da investigação (EIAR e RARIs). Isto ajudará os nossos escassos recursos (tempo dos cientistas de investigação) a serem mais sensatos (gastam a maior parte do seu tempo em investigação de base e adaptativa) e proporciona aos FTCs e ATVETs um acesso fácil aos dados da investigação e melhora o processo de geração e adoção de tecnologia.

I. Demonstrações pré-extensão (10mx10m) geridas pela FTC.

Conceção final (tamanho da parcela, sítio ou localização), objectivos e outras descrições a fornecer pelo RARIs/EIAR/. No xisto de noz podem ser realizados alguns trabalhos de adaptabilidade como ensaios de variedades, ensaios de métodos de plantação, ensaios de fertilizantes, ensaios de épocas de plantação. As operações agrícolas têm de ser efectuadas pela comunidade agrícola FTC como parte da tarefa de promoção tecnológica. A implementação e a gestão devem ser realizadas conjuntamente pela investigação e pelo comité de gestão das FTC. Os factores de produção serão fornecidos pelo EIAR/RARI.

Fig.3. Ensaio de método de plantação pré-extensão gerido pelo FTC (Dendi, Oromia)

Figura: 3. Ensaio de método de plantação pré-extensão gerido pelo FTC (Dendi, Oromia)

II. Demonstrações de pré-extensão (10mx10m) geridas pelo ATVET.

O desenho experimental final (tamanho da parcela, local ou localização), os objectivos, outras descrições e insumos serão fornecidos pelo RARIs/EIAR. Podem ser efectuados alguns trabalhos de adaptação ou validação, como ensaios de variedades, ensaios de métodos de plantação, ensaios de fertilizantes, ensaios de épocas de plantação. As operações agrícolas serão efectuadas pelos estudantes do ATVET, como parte do reforço do processo educativo no sentido de produzir futuros ADs e Agricultores capazes. A implementação e a gestão serão efectuadas pelo ATVET, pelos RARIs e pelos RBoAs em conjunto. Os RARIs precisam especialmente de fornecer os insumos para as tecnologias a serem validadas ao nível do ATVET

2.2.1.2 Demos do pacote completo

Estas são classificadas em três categorias principais, nomeadamente, demonstrações de grande escala geridas por agricultores, demonstrações integradas de média escala geridas por FTC e demonstrações integradas de grande escala geridas por ATVET. As caraterísticas peculiares destas demonstrações, em geral, incluem:

- Tamanho realista das parcelas: O tamanho é importante na mudança de comportamento. Os agricultores devem ser capazes de avaliar facilmente o retorno (rendimento e renda) que obterão com a aplicação do pacote tecnológico completo, contando os quintais obtidos em sua parcela de tamanho realista, em vez de extrapolar o rendimento colhido em parcelas em miniatura de 10 por 10.

- Formação prática e participação: Uma das peculiaridades das parcelas de formação em gestão da extensão (EMTPs) é que o dever do DA é apenas convencer o operador agrícola sobre o pacote tecnológico e que a gestão da parcela não pode ser deixada ao próprio agricultor, ao contrário do estilo de gestão das demonstrações convencionais, em que o DA realiza todas as operações agrícolas da demonstração por conta própria e convida o agricultor a ver o resultado no final de todo o processo. Por outras palavras, o modo de gestão da parcela é DA-Fazendeiro-Fazenda, e não DA-Fazendeiro-Fazendeiro. Desta forma, o operador agrícola tem a oportunidade de adquirir as competências, uma vez que a aprendizagem se faz fazendo e não vendo.

- Disponibilidade física do pacote tecnológico: Durante as abordagens convencionais de extensão, como o sistema T & V, o papel do DA era apenas o de fornecer informações sobre o pacote técnico. Ele não estava muito preocupado com a disponibilidade do produto no mercado. Esta foi a razão pela qual o sistema foi chamado pelos agricultores de "falar e desaparecer". Na realidade, a menos que o agricultor tenha a garantia da disponibilidade física do produto, é evidente que ele não poderá usá-lo e, portanto, o processo de mudança de comportamento não poderá ocorrer. A principal tarefa do promotor público, que implementa demonstrações em grande escala, é, portanto, certificar-se de que o produto está disponível nos mercados próximos antes de embarcar para conduzir a demonstração

- Pacote técnico: É bem sabido que o efeito sinérgico dos pacotes tecnológicos é de longe maior do que o seu impacto separado nos rendimentos esperados. O promotor público deve, portanto, certificar-se de que o conteúdo da sua mensagem de extensão inclui todos os componentes chave dos produtos que está a promover.

• Disponibilidade de crédito: Dado que todos os factores de mudança comportamental, consciencialização, conhecimento e competências sobre a tecnologia estão em vigor e que o operador agrícola desenvolveu uma atitude positiva favorável em relação à nova tecnologia, ele pode não ser capaz de mudar a sua prática cultural devido a limitações financeiras ou escassez de capital. O promotor público tem de compreender que o crédito é um fator-chave no processo de mudança de comportamento

• Parceria: É preciso lembrar que a extensão moderna é uma rede e uma parceria. O papel do DA é o de estabelecer a ligação e a parceria com todos os actores chave, a liderança política, a investigação, os actores do mercado e o público em geral e alavancar o processo de mudança de comportamento

I. Demonstrações em grande escala geridas por agricultores e baseadas em agrupamentos (CLS-FD)

Figura: 4. CLS-FD (Backo-Oromia)

Objectivos:

- Aumentar a sensibilização, o conhecimento, a atitude, a prática e o nível de competências dos operadores agrícolas para adoptarem pacotes tecnológicos melhorados;

- Demonstrar a capacidade dos pacotes tecnológicos para melhorar a produtividade, a produção agregada e o nível de rendimento dos operadores agrícolas, com vista a atingir um estatuto de país de rendimento médio até 2020/25

- Melhorar a sensibilização do público em geral que estará envolvido na criação de um exército de desenvolvimento na agricultura (SMSs, DAs, crianças em idade escolar e outros actores) sobre as melhores práticas de produção

Descrição:

- Implementador: Agricultor(es) de demonstração

- Parceiros de apoio: MOA-AEDG, RBoA-AED, ATA-GI, NMA, ONG, entidades relevantes do sector privado

- Proprietário: Agricultor de demonstração (visando pelo menos 30% de agregados familiares chefiados por mulheres, 10% de jovens)

- Empresas: Milho, trigo, tef, sorgo, cevada (inclui empurrar e puxar, CA, sistemas de cultivo e utilização de informações de pluviómetros de plástico para a tomada de decisões sobre quando plantar). É conduzida uma parcela por agricultor, mas 5-10 ou mais parcelas podem ser reunidas numa localidade sob a forma de agrupamento para melhorar a visibilidade das parcelas pela comunidade e aumentar o nível de adoção

- Geografia: Woredas a especificar pelo RBoA, tendo em conta os objectivos do sistema de extensão e incluindo os Woredas prioritários do cluster ATA, as regiões devem desenvolver critérios para a seleção do local e dos agricultores de demonstração

- Tamanho da parcela: 1250 - 50001T12 no terreno do agricultor

- Seleção do local: Perto de estradas rurais de trânsito principal, FTC, caminhos pedonais e localização central para o kebele

- Oferta/conteúdo: Com base no pacote técnico a produzir, incluindo (nutrientes do solo, variedades de culturas melhoradas, práticas agronómicas, instrumentos agrícolas (lavoura, ceifeira e armazenamento), CA e PPT)

Obrigação da agência de extensão (MOA-AEDG, MOA-WAD, RBoA, NMA, ATA-GI,)

- MoA-AEDG, EIAR/Conselho de Investigação e Extensão, ATA-GI: Desenvolver pacote de extensão

- MdA-AEDG, Conselho EIAR/R&E, NMA, ATA-GI, M0A-WAD: Transmitir os conhecimentos e competências necessários ao pessoal do RBoA-AED e da ATA-regional e manter um acompanhamento constante e apoio técnico

- Pessoal do registo do RBoA-AED e da ATA: Transmitir os conhecimentos e as competências aos AD

- RBoA-AED: Compilar e produzir um plano de trabalho e um calendário de funcionamento das demonstrações.

- RBOA-AED, IMD: Facilitar a concessão de crédito aos agricultores participantes com base na política regular de crédito e de factores de produção

- FTC/DA: Apoiar a atividade de demonstração do agricultor, produzir um calendário de operações e um plano de trabalho, co-organizar dias de campo para agricultores não-demonstração

- Avaliação do desempenho da AD: Incluir o trabalho de demonstração nos critérios de avaliação do desempenho da AD

Obrigação do agricultor de demonstração

- Implementar a demonstração de acordo com o pacote e a formação ministrada.

- Disposto a abrir o seu terreno para visitas de campo e outros serviços de promoção (televisão, rádio e imprensa)

- Disposto a partilhar os conhecimentos e competências adquiridos tanto com grupos de desenvolvimento como com outros agricultores que solicitem o seu apoio

II. Demonstrações integradas geridas por FTC de média escala (IMS-FTCD)

Figura: 5. IMS-FTCD (à esquerda Yirgalem, SNNPR; à direita ADA'A, Oromia)

Objectivos:

- Demonstração das melhores práticas e pacotes tecnológicos aos agricultores

- Desenvolver a confiança; reforçar os conhecimentos e as competências dos extensionistas ao nível do terreno sobre a gestão dos pacotes de novas tecnologias.

- Melhorar a sensibilização do público em geral que participará na criação de um exército de desenvolvimento na agricultura (agricultores, crianças em idade escolar e outros actores) para as melhores práticas de produção

Descrição:

- Parceiros de implementação: DAs, administradores de Kebele, agricultores de Kebele

- Parceiros de apoio: MoA-AEDG, RBoA-AED, ATA-GI

- Proprietário: Comité de gestão FTC

- Empresa: Todas as 5 empresas (milho, trigo, tef, sorgo e cevada), incluindo a tecnologia pushpull, sistemas de cultivo de leguminosas de cereais, agricultura de conservação, pluviómetros de plástico), dependendo da adequação agro-ecológica e da propriedade fundiária da FTC. (Mais de uma demonstração pode ser implementada por FTC envolvendo diferentes culturas e empresas de forma integrada).

- Geografia: O número e a localização dos FTCs serão determinados pelo RBoA-AED em função do objetivo do sistema de extensão e da disponibilidade de recursos

- Dimensão das parcelas: Máximo de 5 empresas (culturas) com uma área de 1.000 a 2.500 m2 cada, num campus vedado.

- Oferta/conteúdo: Com base no pacote tecnológico a produzir, incluindo nutrientes do solo, variedades, práticas agronómicas e instrumentos agrícolas (lavoura, plantador, pulverizador químico, ceifeira, debulhadora, armazenamento pós-colheita), agricultura de conservação, tecnologia push-pull e pluviómetros de plástico

Obrigação das agências de extensão e dos parceiros:

- MoA-AEDG, MoA-WAD, EIAR/R&E C, NMA, ATA-GI,: Transmitir os conhecimentos e as competências necessários ao RBoA-AED

- RBoA-AED, ATA-Reg. office, NMA, RBoA-WAD: Transmitir os conhecimentos e competências necessários aos DAs

- RBoA-AED, RBoA-AIMD, AGP Disponibilizar atempadamente os factores de produção (sementes, fertilizantes, agroquímicos, alfaias agrícolas, etc.) para as demonstrações e desenvolver o calendário de funcionamento/plano de trabalho das demonstrações

- MoA-AEDG, RBoA-AED, ATA-GI: Co-organizar dias de campo e eventos mediáticos (imprensa, rádio, televisão)

Obrigação do comité de gestão do FTC/FTC de execução:

- Atribuição dos terrenos necessários para a demonstração
- Elaborar o calendário de funcionamento/plano de trabalho das demonstrações
- Formar a administração do kebele e os agricultores implementadores sobre o pacote
- Coordenar as actividades agrícolas com o administrador e o gestor do kebele
- Assegurar que todos os agricultores do kebele visitem a parcela nas 4 fases de crescimento da cultura
- Abrir uma conta de demonstração para ser gerida pelo procurador-geral, pelo chefe do gabinete de agricultura do kebele, pelo administrador do kebele e pelo gestor do kebele
- Utilizar as receitas geradas como fundo rotativo para efetuar demonstrações em anos futuros
- Co-organizar dias de campo e outros eventos mediáticos em 4 fases de crescimento das culturas
- Assegurar a proteção das culturas contra animais vadios e selvagens

Obrigação da administração do kebele (presidente, diretor, chefe do serviço agrícola):

- Mobilizar a comunidade agrícola de kebele para a formação e o reforço das competências através de práticas de preparação da terra, plantação, aplicação de fertilizantes, monda, colheita, etc.
- Coordenar as jornadas no terreno
- Coadministrar o fundo FTC

III. Demonstrações integradas de grande escala geridas pelo ATVET (ILS-ATVETD)

Figura: 6. 2 ha (1 hectare cada em milho e trigo) ILS-ATVETD em diferentes estágios de crescimento (Sodo, 2012)

Objectivos:

- Ser utilizado como ferramenta para chegar aos decisores e sensibilizá-los para o aumento da produtividade das culturas;
- Formar os estudantes ATVET, os promotores públicos e o público em geral que participará na criação de um exército de desenvolvimento na agricultura (agricultores, crianças em idade escolar e outros actores) sobre as melhores práticas de produção, e
- Para ser utilizado como ponte na interface ATVETs-farmers.

Descrição:

- Parceiros de implementação: Reitor do Centro, Diretor da Quinta, Professores de Agricultura, Estudantes

- Parceiros de apoio: MoA-AEDG, RBoA-AED, ATA-GI, NMA

- Proprietário: Centro ATVET (Diretor do Colégio)

- Empresas: Milho, Trigo, Tef, Sorgo e Cevada (incluindo push-pull, agricultura de conservação, sistemas de cultivo de cereais e leguminosas, pluviómetros de plástico) em função da aptidão ecológica e da propriedade fundiária da faculdade

- Geografia: Em todos os 28 ATVETs geridos a nível federal e regional

- Tamanho do terreno: Um hectare de terreno para cada empresa.

- Seleção do local: Vedado sob o campus ATVET

- Oferta/conteúdo: Com base no pacote tecnológico a produzir, incluindo nutrientes do solo, variedades, práticas agronómicas e instrumentos agrícolas (lavoura, plantador, pulverizador químico, colhedora, debulhadora, armazenamento pós-colheita), agricultura de conservação, tecnologia push-pull e pluviómetros de plástico

Obrigação das agências de extensão e dos parceiros:

- MdA-AEDG, EIAR/NARC, ATA-GI: Desenvolver o pacote

- MdA-AEDG, ATA-GI, NMA: Transmitir os conhecimentos e competências necessários aos funcionários regionais do RBoA-AED e da ATA

- RBoA-AED, pessoal regional da ATA, NMA: Transmitir os conhecimentos e competências necessários aos AT- VET

- RBoA-AED, AIMD, AGP: Disponibilizar atempadamente os contributos para os ATVET, compilar o plano de trabalho e o calendário de funcionamento das demonstrações ATVET da região

- RBoA-AED: Co-organizar dias de campo e eventos mediáticos em 3 fases da cultura (2-3 folhas, adubação de cobertura, maturidade)

Obrigação do ATVET College:

- Disponibilizar os terrenos necessários para as demonstrações

- Desenvolver um plano de trabalho/calendário de actividades com o apoio do MdA-AEDG, do RBoA-AED e da ATA-GI

- Realizar todas as actividades agrícolas atempadamente (lavoura, plantação, monda, aplicação de fertilizantes, colheita) de acordo com a embalagem, utilizando os seus próprios alunos

- Utilizar as receitas geradas para efetuar demonstrações em anos consecutivos

- Abrir uma conta de demonstração para ser gerida pelo diretor da escola e pelo gestor da exploração agrícola para futuras demonstrações

- Identificar e designar um gestor agrícola para gerir todas as operações no terreno

- Co-organizar dias de campo e outros eventos mediáticos em 4 fases de crescimento das culturas

- Assegurar que todos os estudantes do colégio participem ativamente na formação prática e nas operações críticas de campo na primeira e segunda monda, na cobertura lateral e na colheita.

- Assegurar que a cultura é protegida contra os danos causados por animais vadios e selvagens

Em todos os casos, a conceção e a aplicação de qualquer método de comunicação deve ter conscientemente em conta a questão do género e colocar a tónica no envolvimento proactivo das mulheres agricultoras e dos jovens.

2.2.2 Etapas e níveis do dia de campo

Os dias de campo são um dos instrumentos de comunicação mais importantes para a divulgação das tecnologias agrícolas. Se for necessário que os grupos-alvo compreendam as práticas determinantes do rendimento crítico, que ocorrem ao longo de todo o ciclo de desenvolvimento da cultura. No entanto, será muito importante organizar dias de campo em quatro fases críticas de crescimento das culturas: plantação, maturação inicial, intermédia e final.

Por outro lado, os dias de campo também precisam de ser realizados de forma planeada e organizada para que os convidados obtenham informações suficientes sobre as tecnologias a serem demonstradas. Normalmente, começa com uma breve convocatória e um discurso informativo dos organizadores num salão, seguido de uma visita de campo de um pequeno grupo, alguma conversa informal numa tenda montada perto do terreno e a reunião final no salão para encerrar e receber orientações políticas do convidado de honra relativamente aos ensinamentos obtidos.

Figura: 7. Dias de campo a nível federal (Sodo ATVET-Assistência de Sua Excelência o Ministro do MdA, Ato Tefera Derbew e de Sua Excelência o Presidente da SNNPR Ato Dessie Dalke)

2.2.2.1 Etapas do dia de campo

2.2.2.1.1 Fase de plantação

É a melhor altura em que os grupos-alvo podem receber as mensagens da extensão sobre o tipo, o método e a taxa de aplicação de fertilizantes e sementes, conforme ilustrado na figura 8 abaixo

Figura: 8. Dia de campo organizado durante a época de plantação (Sodo, março de 2013)

2.2.2.1.2 Fase inicial de crescimento da cultura: (3 semanas após a plantação)

Esta é a melhor altura para demonstrar o impacto do método de plantação melhorado (espaçamento adequado) no desempenho da cultura e também a arte de outros métodos de plantação, uma vez que a distância é claramente visível nesta fase

Figura: 9. 2-4 Fase da folha (melhor altura para tecnologias de transporte como o espaçamento)

2.2.2.1.3 Fase média de crescimento da cultura (5-6 semanas após a plantação)

Esta é a melhor altura para demonstrar o impacto da utilização dos nutrientes recomendados para o solo no desempenho das culturas.

Figura: 10. Parcela verde profunda e saudável (East Hararghe, maio de 2013) indicando o impacto da aplicação de uma quantidade suficiente de fertilizante N

2.2.2.1.4 **Estádio de maturação: (40 dias após a floração)**

Os dias de campo são organizados nesta fase de desenvolvimento da cultura, principalmente para demonstrar o impacto da aplicação de um pacote tecnológico completo no desempenho e rendimento globais da cultura.

Figura: 11. Prazo de vencimento correto para a realização do último dia de campo

Do mesmo modo, os dias de campo podem ser organizados a diferentes níveis e em diferentes alturas, dirigidos a decisores políticos, peritos e agricultores, com base nas respectivas necessidades e exigências.

2.2.2.2 Níveis de dias de campo

2.2.2.1.1 Nível federal

Este dia é organizado para os órgãos políticos de alto nível dos governos regionais e federais, incluindo líderes políticos, centros de investigação e de ensino superior, entidades financeiras e de marketing públicas e privadas. O objetivo da organização de um dia de campo a este nível é informar e criar um alinhamento e obter o apoio do órgão de decisão política de topo. Pode ser organizado com o apoio de organizações federais como o MoA, ATA, EIAR, etc. Como o tempo é normalmente um fator limitante, estes dias de campo são normalmente organizados apenas uma vez por ano na fase de maturidade da cultura para demonstrar o desempenho das demonstrações de resultados.

Figura: 12. Método (à esquerda-Adaa, com a presença de Sua Excelência o Ministro do MdA, Ato Tefera Derbew) e resultado (à direita-Sodo) das demonstrações dos dias de campo a nível federal

2.2.2.1.2 Nível regional

Organizado para os órgãos de política a nível zonal e woreda, profissionais e outros parceiros, incluindo instituições financeiras e de mercado, principalmente para demonstrar como as melhores práticas específicas são implementadas, por isso chamadas demonstrações de métodos. As demonstrações de métodos devem ser realizadas 3-4 vezes para demonstrar diferentes práticas durante o seu melhor período de desempenho. Os escritórios zonais e woreda podem organizar esses dias de campo. Os agricultores que desempenham funções de liderança também devem ser convidados.

Figura: 13. Dia de campo regional sobre demonstração do método de plantação de tef (Oromia)

2.2.2.1.3 Nível do agricultor

Uma vez que não é possível (muito caro) e tecnicamente aconselhável realizar EMTPs com cada agricultor, enquanto que a política do governo exige que cada membro da comunidade agrícola seja abordado pela extensão, esta exigência pode ser satisfeita muito sistematicamente de uma forma mais rentável através da organização de dias de campo, que serão acessíveis a toda a comunidade agrícola, de modo a que cada membro da comunidade molde a sua mentalidade em relação às novas tecnologias e provoque a mudança de comportamento desejada. A organização de uma série bem planeada de dias de campo de demonstração de métodos e resultados é, portanto, imperativa. A transformação agrícola pode então ser alcançada num período comparativamente mais curto e o país atinge a sua visão a longo prazo de ser um país de rendimento médio, tal como previsto no nosso Plano de Crescimento e Transformação. As jornadas de campo a nível dos agricultores devem ser organizadas por cada administração de kebele e pelo DA com o apoio dos gabinetes Woreda BoA.

Figura: i4.Dias de campo dos agricultores sobre a demonstração do método de plantação de tef

2.2.3 Formação

2.2.3.1 Nível federal

Este é um programa TOT fornecido por parceiros federais incluindo o EIAR, MoA, ATA, HLIs para SMSs federais e regionais, RARI & ATVET Deans e outros parceiros relevantes como será definido durante a fase de planeamento do programa de formação. Esta é uma fase importante de transferência de conhecimento e capacitação. Acredita-se que seja identificado o local apropriado para fornecer tanto os conhecimentos como as competências necessárias. Pode ser organizado no campus de centros de investigação internacionais e nacionais, em explorações agrícolas comerciais estatais e privadas, no campus do ATVET, etc., onde existam terrenos agrícolas e maquinaria agrícola e a sala de aula seja adequada para transmitir conhecimentos através da utilização de vários meios de apoio à comunicação, como vídeos e apresentações de diapositivos.

2.2.3.2 Nível regional

TOT Zonal & Woreda SMSs, professores ATVET por formandos TOT regionais treinados por parceiros federais (MoA, ATA,), cientistas RARI e pessoal de clínicas de saúde vegetal. O programa de formação, incluindo o local, o campo de formação de competências e as instalações, os materiais didácticos e as apresentações em power point devem ser cuidadosamente organizados e coordenados com antecedência antes do início dos programas de formação. A formação pode ser ministrada em ATVETs circundantes ou em explorações agrícolas comerciais (estatais ou privadas).

Figura: 15. Eventos de formação demasiado concorridos (esquerda, SNNPR) e melhor organizados (direita, Tigray)

2.2.3.3 Nível FTC

Fornecido pelos formandos TOT da Zonal & Woreda aos DAs treinados pelos formandos TOT regionais e a serem coordenados nos ATVETs circundantes ou no local da quinta comercial (estatal ou privada). Em todos os casos, a sala de aula (mensagem) e a formação prática devem ser equilibradas numa proporção de um para um e todos os formandos devem ter a oportunidade de refletir e experimentar durante as sessões de ensino em sala de aula e de formação de competências, tal como ilustrado na figura abaixo

Figura: 16.Formadores de competências a demonstrar (2 imagens à esquerda) e formandos a experimentar (2 imagens à direita)

2.2.3.4 EMTP Nível de agricultor

Fornecido por DAs a agricultores EMTP em salas de formação da FTC utilizando o terreno do campus como campo de treino prático e no seu próprio EMTP.

2.2.3.5 Grupo de desenvolvimento e líder da rede - nível dos agricultores

Fornecido pelos promotores públicos nos salões de formação da FTC e no sítio de demonstração da FTC para líderes de rede, líderes de grupos de desenvolvimento, etc.

2.2.4 Apoio técnico

2.2.4.1 Cientistas e apoio SMS

Em geral, o apoio técnico ao pessoal no terreno e aos agricultores deve ser sincronizado com as fases de crescimento das culturas, ou seja, na plantação para controlar o espaçamento, a taxa adequada de sementeira, o transplante, durante a aplicação de fertilizantes para controlar a taxa, o tipo e o método de aplicação, o controlo de pragas (germinação até 30 dias após a plantação), o controlo de ervas daninhas (aos 15 dias após a plantação + 30 dias após a plantação), a ureia (N) no topo e a cobertura lateral aos 30-35 dias imediatamente após a segunda monda).

Este período é comummente conhecido como a magia dos 40 dias. É aconselhável manter a cultura livre destas pragas durante os primeiros 40 dias se os agricultores quiserem atingir o nível de rendimento pretendido, uma vez que a planta deve ter desenvolvido todos os parâmetros importantes que determinam o rendimento nesta fase de desenvolvimento da cultura e qualquer outra intervenção após este período não pode ter qualquer efeito no rendimento.

Os SMS do MdA e da ATA e os cientistas do EIAR/RARI prestarão o seu apoio aos SMS regionais e zonais e os SMS regionais e zonais aos SMS dos woreda e aos DA, respetivamente, durante as fases acima mencionadas, embora o tempo que possam despender possa variar com base no seu mandato.

É muito importante conhecer o calendário das culturas de cada zona, uma vez que os factores temporais são determinantes para o sucesso, pelo que a visita deve ser efectuada entre fevereiro e maio para o milho e o sorgo e entre junho e setembro para o trigo, a cevada e o tef.

Figura: 17. Apoio de SMS no terreno por infestação de chatos no caule para DA e chefe de WoA (Habro, Oromia)

Outra área importante a considerar no que diz respeito ao apoio técnico é que a visita não deve culminar no terreno apenas com os SMS e os DA. É muito importante e fundamental realizar uma reunião de balanço com a administração técnica e política para que sejam tomadas acções urgentes e medidas de mitigação relativamente aos problemas identificados no terreno.

Figura: 18. Evento de avaliação após a visita aos campos dos agricultores que implementam a tecnologia tef e aos materiais de plantação em linhas de tef Dejene WoA.

2.24.2 Apoio da DA

T Trata-se de um apoio técnico prestado pelos DAs ao reitor da faculdade, ao diretor da exploração agrícola, aos professores de agricultura e ciências vegetais e a outros estudantes relevantes e a outros segmentos da sociedade (membros do exército de desenvolvimento), que participarão nas operações agrícolas do ATVET e para os agricultores do EMTP durante os períodos críticos acima referidos nas fases de desenvolvimento das culturas.

1.1.1 Produção de material de extensão, divulgação e utilização dos meios de comunicação social convencionais e sociais

1.1.1.1 Material impresso, áudio e vídeo

Os pacotes de extensão preparados conjuntamente para o milho, trigo, tef, sorgo e cevada devem ser publicados tanto nas línguas locais como em inglês para satisfazer as necessidades do pessoal de extensão de base, dos agricultores e dos parceiros de desenvolvimento. É também muito importante imprimir e produzir em massa os manuais de apoio para os pacotes técnicos de cada produto e para o protocolo de comunicação (Pacote e programa efetivo de E&P

documento de planeamento) para uso do pessoal de extensão ao nível do terreno e dos parceiros de desenvolvimento. Também é necessário utilizar materiais áudio e vídeo para reforçar todas as estratégias de comunicação empregues.

2.2.5.2 Programas de rádio

Organizar uma série de programas de rádio através de canais regionais e FM, especialmente em associação com dias de campo.

2.2.5.3 Programas de televisão

Organizar uma série de programas de televisão através de canais de televisão regionais, especialmente em associação com dias de campo, registando os pontos de vista e os discursos de testemunho de diferentes categorias de pessoas, decisores políticos, investigadores, agricultores e divulgando-os à sociedade em geral. Nos anos seguintes, serão também preparados filmes documentais para fins educativos.

2.2.54 Telemóveis e telefones inteligentes

O século XXI assistiu a uma revolução nas tecnologias da informação. O progresso neste domínio pode ser traduzido para uso no desenvolvimento rural, tal como na forma de utilização de telemóveis, especialmente telefones inteligentes, e os meios de comunicação social, tais como o livro facial, you tube e twitter. O século abriu uma nova era para chegar às populações rurais pobres de uma forma muito rentável para a prestação de serviços de aconselhamento agrícola e de comercialização na vida quotidiana das populações rurais pobres, através da utilização de meios como as mensagens de texto, o intercâmbio de experiências sobre as melhores práticas dos agricultores e as tecnologias agrícolas dos centros de investigação formais.

O Governo da República Democrática do Congo atribuiu a máxima prioridade à extensão rural, tendo destacado mais de 60 000 agentes de extensão rural polivalentes. Mas isto não deve ser um fim. O canal tradicional de comunicação boca-a-boca através dos AD deve ser apoiado por estratégias de comunicação modernas e rápidas.

Do mesmo modo que os centros de investigação, os responsáveis políticos locais e os liceus rurais beneficiam das redes agro-escolares e das redes woreda, o Ministério da Agricultura, a ATA e outros parceiros de desenvolvimento devem considerar a possibilidade de abrir redes FTC para que os nossos DAs possam ter acesso a estas facilidades, a fim de acelerar a política de crescimento e desenvolvimento rápido do Governo.

2.2.5.5 Comunicado de imprensa e declarações

Organizar uma série de programas de comunicados de imprensa e conferências de imprensa para transmitir as mensagens de extensão através da imprensa e de outros meios de comunicação social.

2.2.6 Exposições e feiras agrícolas

As tecnologias indivisíveis e de elevado custo, como a mecanização, o armazenamento, a pós-colheita e as instalações de irrigação, são melhor demonstradas através de exposições e feiras agrícolas organizadas em locais centrais como ATVETs, FTCs ou complexos escolares rurais.

Figura: 19. Plantador de linhas Tef, cortador de culturas motorizado, descascador de milho e debulhador expostos da esquerda para a direita

Em geral, no que diz respeito à utilização da comunicação para o desenvolvimento da extensão rural, as organizações que têm a responsabilidade de atingir milhares de extensionistas ao nível do terreno, líderes políticos e administradores e milhões de agricultores e o exército do desenvolvimento, incluindo o Ministério, os Serviços Regionais de Agricultura e a ATA, devem dar prioridade e investir na comunicação de modo a permitir que o sector possua as suas próprias estações de rádio, produção de material educativo e editoras e a utilização de ferramentas modernas de comunicação como a Internet, incluindo as redes FTC, e ajudar o país a atingir o seu objetivo de crescimento rápido e de transformação num período de tempo comparativamente mais curto.

2.2.7 Análise e avaliação global conjunta

A época de produção deve culminar depois de uma revisão e avaliação conjunta global feita por uma equipa de profissionais provenientes de instituições-chave (Liderança, EIAR, RARI, MoA/RBoA, ATA, instituições financeiras e de input público/privado, sector privado, ONG). O relatório deve ser apresentado aos órgãos de decisão política de alto nível; conselho de transformação agrícola e discutido a todos os níveis dos postos de comando federal, regional, zonal, woreda, Kebele com o objetivo principal de identificar lições e capitalizar as melhores práticas na elaboração do programa de extensão da próxima estação.

É um longo processo para os actores percorrerem juntos todas as várias fases do processo de comunicação, desde a conceção de um pacote de extensão até à fase final de revisão e avaliação. No entanto, se estes actores realmente se apropriarem e se comprometerem com o seu objetivo e se forem conduzidos por um calendário de operações acordado (exemplo fornecido na Tabela - i.abaixo), não haverá nenhuma razão para que não estejam alinhados e tenham um desempenho eficaz.

2.2.8 Produção de um pacote de extensão para a próxima época

As bases para a produção do PE para a próxima época incluem

- Relatório analítico das demonstrações pré-extensão (FTC, ATVET) efectuadas pelo EIAR e pelos RARIs,
- Relatório analítico das demonstrações do pacote completo (FTC, ATVET, agricultores EMTP) pelo MoA, ATA e RBoAs,
- Relatórios de apoio técnico do MdA, RARIs, ATA e outros realizados durante a época
- O relatório formal final da MEL, elaborado conjuntamente pelas instituições parceiras e,
- Novas tecnologias e resultados apresentados pelo EIAR e pelos RARIs

Capítulo 3. Planeamento eficaz de programas de extensão agrícola e pacotes de produção

3.1 O que é um pacote?

No contexto, a extensão agrícola ou sanitária descreve um conjunto mais vasto de componentes introduzidos e implementados em uníssono. Em geral, quer se trate de um pacote de desenvolvimento para a saúde ou para a agricultura, refere-se a uma solução abrangente e multifacetada responsável por uma mudança transformadora. Isto é sinónimo de componentes, as caraterísticas mais importantes de um projeto. O conceito mais importante numa abordagem de pacote ao desenvolvimento é que o compromisso é feito em termos de apoio político, recursos financeiros, temporais e materiais, por actores com objectivos alinhados.

Da mesma forma que se comprometem os recursos necessários para a execução das componentes do projeto, colocamos a maior ênfase e pomos em prática os recursos necessários para operacionalizar os elementos de um pacote de um programa. Por conseguinte, uma abordagem de pacote é uma abordagem em que os principais parceiros ou intervenientes se comprometem a executar todos os elementos do pacote de um determinado programa de acordo com os seus papéis esperados para atingir os seus objectivos comuns. Na agricultura, reconhecemos pelo menos duas formas de pacotes: o pacote de extensão e o pacote de produção. Estes diferem no seu objetivo final e no grau e tipo de compromisso esperado dos intervenientes e dos principais actores. São realizados em fases sucessivas, embora possa haver uma sobreposição nalgumas empresas e regiões geográficas. É difícil ter um pacote de produção sem implementar efetivamente a primeira fase, que introduz a tecnologia e cria a procura da mesma, o pacote de extensão. Por outras palavras, não podemos ter como objetivo a execução de um pacote de produção sem executar com êxito um pacote de extensão e criar um ambiente propício à introdução bem sucedida do pacote de produção.

3.1.1 Pacote de extensão

O objetivo de um programa de pacote de extensão é alcançar uma mudança de comportamento a longo prazo, que envolve todo o processo, incluindo a criação de Consciência sobre a nova tecnologia, fornecendo conhecimento, criando uma Atitude favorável, mudando Práticas culturais ineficazes e desenvolvendo as Competências necessárias para operar novas tecnologias (AKAPS), embora alguns objectivos de nível superior, tais como aumentos na produção agregada e no rendimento também possam ser antecipados nesta fase. As intervenções necessárias para provocar uma mudança de comportamento nesta fase consistem tanto nos recursos como nas actividades. As actividades a considerar numa fase de extensão estão relacionadas com a tecnologia (variedade, fertilização, mecanização, proteção, etc.); utilização de métodos de comunicação (demonstrações, comunicação tradicional face a face, meios convencionais como a imprensa, rádio e TV, meios sociais incluindo smartphones, YouTube, Facebook, etc.) e factores económicos (informação sobre o mercado, crédito, aumento do poder de negociação através da criação de cooperativas primárias, associações de irrigação, etc.). A tipologia de um modelo de mudança de comportamento esperado no âmbito de um programa de pacote de extensão é mostrada no quadro lógico representado na Figura 19.

Figura: 20. Tipologia do quadro lógico de um programa de extensão

Os recursos e actividades necessários, que são categorizados como insumos num programa de extensão, podem ser enumerados da seguinte forma.

Actividades:

De base tecnológica:

- Fertilizante/forragem
- Variedade/raça
- Práticas culturais
- Mecanização
- Pós-colheita

Baseado na comunicação:

- Demonstrações em grande escala geridas por agricultores
- Eventos mediáticos convencionais
- Eventos nas redes sociais
- Eventos de formação de competências

Recursos:

- Recursos financeiros
- Recursos humanos

oA tempo inteiro (coordenadores, SMSs, supervisores, agentes de extensão)

oA tempo parcial (liderança, investigação, instituições financeiras, agências de fornecimento de factores de produção)

- Recursos materiais (veículo, motociclo, bicicleta, animais para utilização nos transportes)

Os principais actores na conceção e execução de um pacote de extensão bem sucedido incluem os investigadores, os institutos de ensino superior e de formação, os agentes de extensão, as instituições de fornecimento de insumos e de crédito, os meios de comunicação social, bem como os agricultores e a liderança política.) A liderança ocupa um lugar crítico na coordenação dos actores; sem uma liderança eficaz, é muito difícil reunir os vários actores.

Como foi dito acima, o principal objetivo na fase de extensão é ganhar a aceitação da comunidade alvo e provocar mudanças no seu comportamento para abandonar as práticas tradicionais que os retêm. A ênfase é, portanto, colocada nos factores de comunicação e tecnologia destinados a criar uma consciência em relação ao pacote de tecnologias recentemente introduzido, seguido de mudanças na atitude da comunidade agrícola e do reforço dos seus conhecimentos e competências para substituir as práticas tradicionais.

Uma vez que os agricultores estão, em grande medida, satisfeitos com as suas práticas tradicionais, e são também, muitas vezes, naturalmente avessos ao risco, é provável que resistam à adoção de novas práticas. Para quebrar este impasse, é necessária uma abordagem dupla de extensão eficaz e de liderança empenhada. Os profissionais da extensão devem mudar a mentalidade da comunidade agrícola, criando dissonância em relação às práticas antigas e, ao mesmo tempo, demonstrando o valor acrescentado das novas práticas. A liderança política, por outro lado, deve desempenhar um papel fundamental, facilitando a criação de um ambiente favorável ao pacote tecnológico recentemente introduzido. É necessário que todas as partes tomem medidas especiais para que as tecnologias demonstráveis possam ser utilizadas fisicamente, facilitem o fornecimento de financiamento agrícola, a comercialização dos factores de produção e dos produtos, etc., que são pré-requisitos para a divulgação dos conhecimentos e competências necessários associados ao pacote. É nesta fase que se cria a procura de novas tecnologias que devem ser mais amplamente divulgadas durante a fase de produção.

3.1.2 Pacote de produção

O pacote de produção está preocupado em resolver os problemas da segunda geração, tais como a provisão de fornecimento de insumos, maquinaria agrícola, armazenamento, marketing e desenvolvimento de negócios (informação de mercado, inteligência de mercado, serviços de formação de negócios); Facilitar as ligações dos produtores com os compradores (afundamento da procura), Organização e apoio à comercialização colectiva (agregação); Serviços financeiros (crédito, poupança, seguro de risco). É uma fase em que é criado um ambiente para a satisfação da procura que foi criada na fase de extensão. Nesta fase, os parceiros de desenvolvimento, os produtores e a liderança política devem fazer o máximo esforço para colmatar a lacuna que se prevê criar entre o seu nível de produção atual e o desejado e maximizar os seus rendimentos, respetivamente.

Por outras palavras, um dos objectivos finais de um programa de pacote de produção é maximizar a produção ao nível do agregado familiar e do país, abordando os problemas de segunda geração que impedem a expansão/expansão de novas tecnologias para toda a comunidade agrícola, tal como descrito acima, que se espera que já tenha mudado a sua mentalidade em relação à nova tecnologia devido ao trabalho de extensão realizado durante a fase anterior. Enquanto os factores tecnológicos e de comunicação são factores críticos a serem considerados na fase de extensão, os factores económicos (fornecimento de insumos, financiamento agrícola, armazenamento, agro-processamento, transporte, cooperativas, etc.) são mais importantes durante esta fase.

Nesta fase, assume-se que os agricultores já fizeram uma mudança de paradigma na sua mentalidade e estão abertos ao uso de novas tecnologias nas suas terras, uma vez que adquiriram o conhecimento tecnológico e as competências necessárias diretamente do programa precursor, a extensão. O papel do pacote de produção é, portanto, o de remover os estrangulamentos sistémicos que constrangem a produção, tal como acima referido.

Por outro lado, outros objectivos a longo prazo, tais como o aumento do nível de rendimento da comunidade agrícola e a transformação da economia num estatuto de rendimento médio, podem ser alcançados se este programa for bem integrado no desenvolvimento de outros sectores da economia, tais como o desenvolvimento do mercado, as estradas, as redes de transportes e de comunicações, os serviços de abastecimento de energia e de água e os serviços políticos e regulamentares, tais como os direitos de propriedade e a regulamentação do mercado e do comércio.

A representação esquemática de um exemplo típico de um modelo de entradas-saídas de um programa de pacote de produção de culturas está representada no quadro de registo fornecido abaixo (Fig. 20).

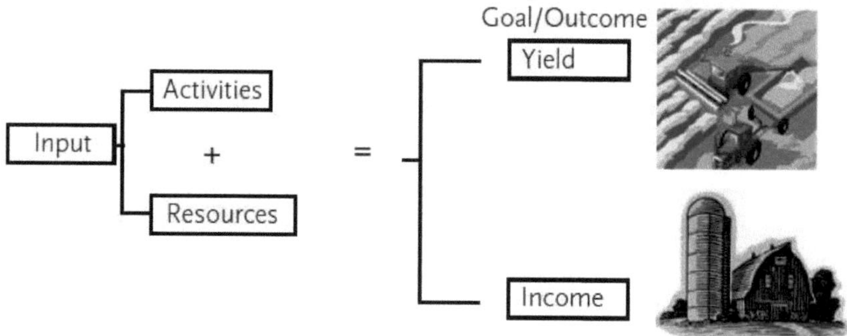

Figura: 21. Tipologia do quadro lógico de um programa de pacote de produção

Os recursos e actividades necessários, que são categorizados como entradas num programa de pacote de produção, podem ser enumerados da seguinte forma

Actividades:

Económico:

- Financiamento agrícola
- A procura afunda-se

- Agro-processamento

- Marketing direto de sementes

- Cooperativaconstrução de capacidades

- Seguro de colheitas

Baseado na comunicação:

- Tipo e número de eventos com recurso a meios de comunicação convencionais

- Formação, facilitação, simpósios, conferências, feiras, etc.

- Tipo e número de eventos que utilizam as redes sociais

Recursos:

- Recursos financeiros

- Recursos humanos

- A tempo inteiro (coordenadores, SMSs, supervisores, agentes de extensão)

- A tempo parcial (Liderança, investigação, instituições financeiras, agências de input)

- Recursos materiais (veículo, motociclo, bicicleta, mulas e cavalos)

É por esta razão que reivindicamos o objetivo de um pacote de produção; o impacto encontra-se ao nível mais elevado na escada do processo de mudança de comportamento ou na lógica vertical de um quadro lógico (Figura 3). Trata-se de aumentar o nível de produção e, assim, melhorar o rendimento e o nível de vida dos pequenos agricultores. O nível e o tipo de compromisso exigido de cada ator muda em diferentes fases da intervenção. O papel das instituições financeiras (bancos, IMF), das agências de insumos (cooperativas, empresas públicas e privadas de sementes), das unidades de comercialização e transformação (cervejarias e fábricas de malte), do sector privado e de outros intervenientes ganhará força na segunda fase. Nesta fase, a liderança política continua a desempenhar um papel fundamental na criação de um ambiente favorável aos actores existentes e na resolução de outros problemas emergentes. Deve também desempenhar um papel fundamental na disponibilização e melhoria das infra-estruturas para o bom fluxo de bens e serviços, incluindo redes rodoviárias, ferroviárias, instalações de armazenamento, empreendimentos de valor acrescentado (tais como fábricas de transformação) e a criação de sindicatos e federações de agricultores em circunstâncias em que o sector privado não está suficientemente desenvolvido para assumir a responsabilidade.

Figura: 22. Tipologia do quadro lógico dos pacotes de extensão e produção

Intervention logic/narrative summary				Verifiable indicators	MV	ASN
RESULT	Goal/ Impact		Aggregate Production (yield) Income Quality of life	GNP HDI		
	Objectives	Objive 1 Objective 2	Objective 1 Objective 2			
	Outcome	Awareness Attitude Knowledge Skill Practice		Change in AKAPS		
	Output	# of farmers visiting demo plots # of Farmers receiving mobile text	# of farmers accessing credit service # of farmers accessing insurance services			
	Activity	Communication methods Type # of EMTPs Type & # of field days Type & # of conventional media events Type # of social media events	Economic # of farmers receiving credit quantity of grain to be exported # of cooperative accountants trained in book keeping # of unions signing contract agreement Communication Type & # of conventional media events Type & # of social media events			
	Resources	Financial Human Material	Financial Human Material	Resource deployed	Plans/ Reports	
Program Type		I	II			

Legenda: I = Pacote de extensão

II = Pacote de produção

3.1.3 Planeamento de programas de extensão e de pacotes de produção

Uma vez concebidos os pacotes de extensão e produção, a implementação começa com a preparação de planos de ação que clarifiquem o nível de compromisso dos diferentes intervenientes na implementação dos seus objectivos, programas e estratégias comuns. O plano de ação pode ser de curto prazo (anual), de médio prazo (3-5 anos) e/ou de longo prazo (5-10 anos), dependendo das decisões dos actores de se comprometerem com a implementação do programa previsto. Um plano de ação define, portanto, os objectivos, com base nos recursos atribuídos e nas actividades identificadas no quadro lógico. No caso da extensão, estes planos são preparados tanto para a intervenção de extensão para implementar o programa do pacote de extensão como para a intervenção de produção para implementar o programa do pacote de produção como nos exemplos hipotéticos apresentados no Quadro 1 e no Quadro 2 abaixo, respetivamente. Um plano anual típico do pacote de extensão deve conter pelo menos quatro subplanos, incluindo

- O plano físico
- O plano financeiro
- O orçamento parcial e/ou o orçamento total para as demonstrações, dependendo da disponibilidade de normas para os factores de produção baseados na mão de obra e de registos sobre o retorno e a
- O quadro lógico (os formatos do quadro são apresentados no anexo 1. Apresenta apenas o quadro para permitir a sua localização a diferentes níveis das administrações, em função das suas próprias situações)

Os PE também têm de ser preparados a todos os níveis, incluindo os níveis Kebele, Woreda, Regional e Federal, de forma participativa, envolvendo todos os principais intervenientes (líderes políticos, investigadores, membros de instituições financeiras e de input, instituições de ensino superior e agências de serviços de extensão, tanto públicas como civis) e também têm de ser propriedade de todos, uma vez que é o projeto que fornece a base para os alinhar durante a sua implementação.

Uma das questões mais importantes é decidir o nível de administração, onde o processo de planeamento participativo começa. Considerando a configuração administrativa prevalecente no país, a unidade mais baixa onde a comunidade pode ser acessada para desenvolver o plano participativo é a rede. Neste contexto, uma rede é um grupo de até cinco agricultores. Entre cinco e seis redes formam uma equipa de desenvolvimento (25-30 agricultores), que por sua vez formam a zona (300 agricultores). Duas a três zonas (até 1000 agregados familiares) formam finalmente a unidade kebele. Os planos de ação dos pacotes de extensão e de produção devem ser preparados a partir da unidade mais pequena, a rede, e devem ser desenvolvidos através da equipa de desenvolvimento, do kebele, da zona, do woreda, do plano regional e, finalmente, do plano nacional. O plano deve também ser conciliado a todos os níveis da administração, de modo a encontrar o equilíbrio entre as necessidades, aspirações e preocupações dos diferentes grupos de interesse.

Tabela i: Plano de Ação do Pacote de Extensão de Awra kebele 2013 Tef (Tipologia)

Activity	Example (Column 1)	Budget (Birr)				Remark
		Unit	Unit cost	Quantity	Total cost	
Goal	Double tef production and income of Awra kebele (Phase 2 goals)					
OB1 OB2	80% of 1000 HH adopt tef extension package					OB= Objective (2 objectives)
OB1.OC1 .OC2	150 HH developed the skills required for tef production, 800 HH know all elements of tef package, 1 million HH be aware of the technology package for tef production.					OC= Outcome (2 OC/OB)
OB2 .OC1 .OC2						
OB1 OC1 .OT1 .OT2						OT= Output (2 OT/OC)

OB1 OC2 .OT1 .OT2	150 Farmers trained 1000 farmers visited 1m farmers see TV					
OB2 OC1. OT1 . OT2						
OB2 OC2. OT1 . OT2						
OB1 OC1 OT1. ACT1 . ACT2	150 EMTPS established 100 BBM procured	# #	1000 230	150 100	150,000 23,000	AC= Activity (2 AC/OT)
. AC2	times 200 Multi-crop threshers deployed	#	70,000	200	1.4 Million	
OB1OC2 OT1. ACT1 . ACT2						
OB1OC2OT2. ACT1 . ACT2						
OB2 OC1 OT1. ACT1 . ACT2 OB2OC1 OT2. ACT1 . ACT2						
OB2 OC2 OT1. ACT1 . ACT2						
OB2OC2OT2. ACT1 . ACT2						

Quadro 2: Plano de Ação do Pacote de Produção de Tef do Awra Kebele 2013 (Tipologia)

Activity	Example (C1)	Budget (Birr)				Remark
		Unit	UC	Q	TC	
Goal	Increase aggregate tef yield from 100 MT to 200 in Awra and beyond					
OB1 OB2	Create enabling market environment for 1000 tef farmers					
OB1.OC1	1000 tef farmers join ECEX					
OB1 OC1 OT1. ACT1 .ACT2	100 Coop. unions trained to install better B/A system Facilitate deployment of 1000 BBM	# -	1,000,000 -	100 -	100 million -	

Capítulo 4. Experiência do MdA/ATA na conceção e execução de pacotes e planos de ação

4.1 Experiência do MoA

Conforme descrito nos antecedentes, o MdA iniciou a abordagem de pacotes para a extensão sob a forma de Projectos de Pacotes Abrangentes (CIPPs) tais como a Unidade de Desenvolvimento Agrícola de Chilalo (CADU) no Distrito de Chilalo, a Unidade de Desenvolvimento Agrícola de Wolita (WADU) no Distrito de Wolita, o Projeto de Desenvolvimento Agrícola de Adaa (ADAP) no Distrito de ADAA, a Unidade de Desenvolvimento Agrícola de Tach Adiabo e Hadigt (THADAU) no Distrito de Shiraro, e a Unidade de Desenvolvimento Rural de Arsi (ARDU) na Região de Arsi nos anos 1960.

O conteúdo dos programas consistia no desenvolvimento de infra-estruturas (estradas, instalações de mercado, fornecimento de factores de produção agrícola, financiamento ou crédito agrícola, cooperativas, serviços de extensão agrícola, etc.). Através destes PIC, foi introduzido não só o conceito de pacote para melhorar a pequena agricultura na Etiópia, mas também o de um planeamento mais eficaz. Estavam a ser elaborados e executados planos a curto e médio prazo, ambos indicadores de um verdadeiro empenhamento.

A introdução da abordagem de pacotes e de práticas eficazes de planeamento/orçamentação foram os dois factores críticos de sucesso atribuídos à eficácia dos PIC. Introduziram efetivamente tecnologias de produção pecuária e vegetal, organizaram os agricultores em cooperativas polivalentes e introduziram instalações modernas de comercialização de insumos e produtos, bem como aumentaram a produtividade e a produção nestas zonas-piloto. No entanto, a experiência-piloto não pôde ser alargada a zonas mais vastas do país devido aos custos (MoA, 1995). Além disso, o sistema feudal de posse da terra em vigor expropriou os pequenos agricultores, o que permitiu que os senhores feudais ausentes enriquecessem, aumentando o fosso entre pobres e ricos e anulando os ganhos obtidos com a introdução da abordagem de pacote e as consequentes práticas de planeamento e orçamentação.

Em resposta a este problema emergente, a segunda fase foi denominada 'Abordagem do Pacote Mínimo' (MPP) e foi concebida para cobrir áreas mais vastas que se estendiam por 15 quilómetros de ambos os lados ao longo das principais auto-estradas do país, denominada Área do Programa do Pacote Mínimo (MPPA). Tanto a abordagem do pacote como a prática de planeamento e orçamentação foram integradas nas componentes dos programas do pacote, embora o conteúdo do pacote tenha sido reduzido para abranger apenas o aspeto dos insumos agrícolas e dos serviços de extensão, deixando de fora a componente das infra-estruturas.

Nesta era dos PPMPs, muitos agricultores tiveram a oportunidade de participar nas demonstrações de extensão. Ao contrário dos CIPP, a abordagem de pacote e o empenhamento do governo demonstrado através da preparação e execução de planos anuais e intercalares não conseguiram trazer a mudança esperada no desempenho dos pequenos agricultores, uma vez que o Governo Imperial ainda não demonstrou a vontade política de mudar o sistema de posse da terra e a estrutura feudal, o que acabou por levar à revolta dos camponeses e à subsequente revolução popular de 1974 (Habtemariam, 2007).

Na segunda metade da década de 1970 e durante a década de 1980 assistiu-se a uma redução dos serviços de extensão agrícola para os pequenos agricultores, uma vez que quase todos os esforços do Governo foram canalizados para apenas um punhado de explorações agrícolas estatais e sociedades cooperativas, que em conjunto representavam apenas 5% do sector em termos de área. Nos anos 80, conforme mencionado na secção de antecedentes, foi feita uma tentativa de alargar o serviço dividindo o país em 8 zonas agro-ecológicas através da abordagem da extensão T&V, que ao contrário dos seus predecessores não capitalizou o uso de pacotes e planificação na extensão. O sistema concentrou-se principalmente na provisão de formação em sala de aula, que não reuniu as partes interessadas para se comprometerem e fornecerem os serviços necessários apoiados por planos e orçamentos apropriados.

Em meados da década de 1990, no entanto, após a introdução bem sucedida da abordagem do pacote de extensão Sasakawa-Glob- al 2000, o Governo da Etiópia restabeleceu a conceção e execução de um amplo programa, 'programas de extensão e pacote de produção', que deveria ser implementado em duas fases apoiadas por planos anuais e de médio prazo. A primeira fase de extensão estava planeada para os primeiros três anos, 1995-1997, com o objetivo final de criar procura de tecnologias agrícolas, aumentando os conhecimentos e as competências da comunidade agrícola, enquanto a fase de produção se seguiria nos anos seguintes.

A fase de extensão introduziu um pacote de extensão para as zonas dependentes da humidade, pacotes de extensão para as zonas com stress hídrico, um pacote para a pecuária, um pacote para as culturas de alto valor, um pacote para o café, um pacote para a silvicultura, entre outros, no primeiro ano e nos 2-3 anos seguintes. Todos estes programas de pacotes foram conduzidos com um acompanhamento rigoroso e orientação de entidades políticas de alto nível, que reuniram os principais intervenientes (finanças agrícolas, extensão, investigação, educação, entidades fornecedoras de insumos) e a comunidade agrícola.

Uma vez definidos os pacotes de extensão envolvendo todos os intervenientes chave, foram desenvolvidos programas anuais de extensão e planos de ação anuais, incluindo o plano físico e o orçamento, que foram usados como um roteiro por todas as partes. Foram também efectuadas avaliações anuais sob a liderança do Primeiro-Ministro, reunindo todos os principais intervenientes para avaliar o seu desempenho com base nos planos anuais. Os resultados das avaliações e os estudos sucessivos indicaram que o programa foi muito eficaz, uma vez que a produtividade das principais culturas alimentares aumentou 200-300%, como previsto (Habtemariam 2007).

Este aumento de produtividade, no entanto, começou a diminuir mais tarde, nos 4º e 5º anos, devido a um planeamento e gestão deficientes, que tentaram expandir o programa para áreas que não eram adequadas para a agricultura e que não respondem às tecnologias agrícolas. O programa também foi alargado para além da capacidade de execução das Direcções Regionais de Agricultura e do Ministério da Agricultura, o que prejudicou o apoio e o acompanhamento necessários do programa.

Além disso, a ênfase do Governo limitou-se a fazer avançar apenas o pacote de extensão e a intervenção prevista no pacote de produção não teve lugar no terceiro ano, como previsto no plano, pelo que não conseguiu dar resposta às novas exigências nem resolver os problemas da segunda geração. O nível de desenvolvimento das infra-estruturas, incluindo as estradas, as infra-estruturas de comercialização, tais como as unidades de transformação de produtos agrícolas e as instalações de pós-colheita, os sindicatos cooperativos, o sector privado e as instituições financeiras era muito limitado ou estava na sua fase inicial e não podia absorver os excedentes de produção nem fornecer os factores de produção necessários a partir do exterior, o que deu origem a um aumento acentuado dos factores de produção e a uma descida dos preços na produção, respetivamente, que minaram os esforços do programa do pacote de extensão.

Consequentemente, as comunidades que não deveriam receber crédito, uma vez que a sua agro-ecologia não favorece a aplicação de factores de produção modernos, não conseguiram pagar a sua dívida. Aqueles que residiam em zonas de elevado potencial e que conseguiram maximizar a produção graças ao pacote, também ficaram descontentes porque o preço da sua produção aumentou drasticamente. Por conseguinte, o Ministério da Agricultura decidiu rapidamente alterar a abordagem do pacote de extensão e as práticas de planeamento associadas, que contribuíram para melhorar a agricultura dos pequenos agricultores etíopes. Este sistema foi substituído pelo sistema atual, o Sistema de Extensão Participativa (SPE), que abandonou os elementos muito eficazes do PADETES: a demonstração gerida pelos agricultores ou a abordagem da parcela de formação em gestão da extensão (EMTP) e as práticas de planificação do programa de extensão, deixando apenas o elemento de formação.

4.2 Experiência da ATA

Nos últimos dois anos, a ATA tem estado ocupada com o desenvolvimento de estratégias para reduzir os estrangulamentos sistémicos que limitam o desenvolvimento da pequena agricultura na Etiópia. Muito recentemente, porém, embarcou no apoio à implementação, como a promoção de melhores práticas para o tef e o trigo e a promoção de novas misturas de fertilizantes. Embora estas intervenções não estejam claramente delineadas em componentes de extensão ou de pacotes de produção, foram preparadas com a participação de todos os principais interessados. A cultura de preparar planos e estruturas de implementação separadas para os pacotes de extensão e produção entre as partes interessadas e a vários níveis também parece ser uma prática comum, e um problema chave que precisa de ser ultrapassado.

Até muito recentemente, as equipas da cadeia de valor da ATA, tef, trigo, milho e sorgo, bem como algumas equipas de sistemas, como as cooperativas e os solos, estavam envolvidas na procura de escalabilidade, tentando essencialmente passar diretamente para a fase de produção. No entanto, isto tem de ser alinhado e harmonizado com o princípio universal da extensão e com a nossa experiência passada na Etiópia. Como foi tentado elaborar longamente em tópicos anteriores, os agricultores não têm confiança para aceitar novas tecnologias numa primeira instância até que o impasse seja quebrado através do emprego de métodos de extensão vibrantes como o dos EMTPs e fornecendo apoio político especial, ao contrário dos agricultores que estão na fase de produção. As novas tecnologias requerem uma demonstração exaustiva na fase de extensão para que os agricultores possam avaliar plenamente o seu valor antes de se poder esperar que haja uma procura suficiente. A trajetória da extensão à produção também pode ocorrer a diferentes velocidades para diferentes tecnologias e não é uniforme.

Capítulo 5. Recomendações

Considerando o objetivo do Governo da Etiópia de alcançar o estatuto de rendimento médio até 2025 (em grande parte através da transformação da agricultura de pequena escala), é imperativo integrar os factores de sucesso da experiência passada na extensão agrícola. Isto deve envolver a adoção e implementação de pacotes de extensão e produção (assim como as práticas de planificação associadas), na atual abordagem de desenvolvimento para alinhar e harmonizar o trabalho das instituições parceiras estratégicas em torno de uma visão nacional partilhada estipulada no Plano de Crescimento e Transformação (GTP) do país.

As partes interessadas devem alinhar e coordenar os seus esforços na definição dos principais papéis e responsabilidades colectivos e individuais na conceção, planeamento e implementação dos pacotes de extensão e produção. A formação do pessoal no terreno, dos agricultores e do público em geral, a prestação de apoio no terreno e de apoio técnico e a monitorização e avaliação das actividades conjuntas devem basear-se num calendário de operações claramente definido e acordado (um exemplo desse calendário é apresentado em pormenor no Quadro 4).

As instituições estratégicas que desempenham papéis-chave na definição, planeamento e implementação dos pacotes de extensão e produção envolvem intervenientes federais, como o Ministério do Comércio, o Ministério da Agricultura, o Instituto Etíope de Investigação Agrícola, as Universidades e Colégios Agrícolas, a Agência de Transformação Agrícola e as instituições financeiras nacionais e regionais. Os intervenientes suplementares, que são também muito importantes, incluem organizações de fornecimento de factores de produção (como a Ethiopian Seed Enterprise (ESE) e a Agricultural Input Supply Corporation (AISCO)), instituições de comercialização de produtos como a Ethiopian Commodity Exchange (ECX) e a Ethiopian Grain Trade Enterprise (EGTE), entre outras. Para além destas, há uma série de instituições regionais que são descritas em pormenor no quadro 4.

Quadro 3: Principais áreas de alinhamento dos intervenientes e calendário de implementação dos pacotes de extensão e produção

Atividade	Linha do tempo	Partes interessadas	Organização líder
Pacote de extensão de produtos (tecnologia)	**outubro**	**MdA, EIAR, ATA/GI e outras equipas, RBoAs, RARIs**	**MoA/AED**
Produzir Pacote de Produção (Mercados)	**outubro**	**Instituições de molde, de financiamento, de factores de produção e de comercialização (IFM, EGTE, PAM, ECX)**	**M0I/M0A-ID**
Produzir o Plano Anual do Pacote de Extensão (Tecnologia)	**novembro**	**MoA-AED, RED-Fs, AGP, RBoAs, ATA revêem o seu plano de extensão anual conjunto e respetivo**	**RBoAs**
Produzir pacote de produção Plano de anulação (mercados)	**novembro**	**MoI, MoA-ID, RBoAs, ATA-VC revêem o plano de produção anual conjunto e respetivo**	**MoI/ATA**
Produção de material didático (pacote Publish)	**novembro**	**Todas as partes**	
TOT para 50-60 SMS regionais	**Semana de 1**	**MoA-AED, MoA-ID, MoA-ATVET, MoT, EIAR, ATA-**	**MoA/AED**

sobre EP, PP, EPAP, PPAP	de janeiro	GI/VC, HLIs	
Simpósios conjuntos, seminários sobre pacotes de produção	Por plano	MoI, MoA-ID, ATA-VC	MoI/ MoA-ID
Formar os SMS Zonal/Woreda, os representantes ATVET (50/quarto) sobre EP, PP, EPAP, PPAP	Fim de janeiro, (Oromia, SNNPR) Fim de fevereiro (Amhara Tigray)	RBoAs, MoA-AED, MoA-ID, EIAR, RARIs, ATA	Formandos regionais do TOT
TOT para 50-60 SMS regionais sobre EP, PP, EPAP, PPAP	janeiro-I[st] semana	MoA-AED, MoA-ID, MoA-ATVET, MoT, EIAR, ATA-GI/VC, HLIs	MoA/AED
Simpósios conjuntos, seminários sobre pacotes de produção	Por plano	MoI, MoA-ID, ATA-VC	MoI/ MoA-ID
Formar os SMS Zonal/Woreda, os representantes ATVET (50/quarto) sobre EP, PP, EPAP, PPAP	Fim de janeiro, (Oromia, SNNPR) Fim de fevereiro (Amhara Tigray)	RBoAs, MoA-AED, MoA-ID, EIAR, RARIs, ATA	Formandos regionais do TOT
Formar 100% de AD e 10% de agricultores	1st semana de fevereiro (Oromia, SNNPR) 2nd & 3rd Semana de fevereiro, (Amhara, Tigray)	SMS regionais, SMS zonais, posto de comando (zonal, woreda, kebele)	SMSs de Woreda

Referências:

Habtemariam Abate. 2013. Reinstating the Package approach to Extension and Production and Program planning as core elements of Transforming Small-holder Farming in Ethiopia (Reintroduzir a abordagem de Pacote à Extensão e Produção e Planeamento de Programas como elementos centrais da Transformação da Agricultura de Pequenos Agricultores na Etiópia). Agência de Transformação Agrícola da Etiópia, pp. 1-17

Habtemariam Abate. 2007. Revisão dos sistemas de extensão aplicados na Etiópia, com especial destaque para o sistema de demonstração participativa e de formação. 2007. pp. 1-129

Habtemariam Abate. 1997. Targeting Extension Service and the Extension Package Approach in Ethiopia. Addis Ababa. pp. 1-30

Grupo de Trabalho do MoA-Pacote de Extensão. 1995. Estratégia do Programa do Pacote de Extensão e Produção. Addis Ababa. pp. 1-76

Cohen, M.J. 1987. Integrated rural development: The Ethiopian experience and the debate, Motala, the Scandinavian Institute of African Studies

Anexo. Formatos do plano anual do pacote de extensão para o calendário da colheita de 2014

1) Pacote de extensão a nível de Feredar/Regional/zonal/woreda/FTC Formato físico do plano anual

Região

N.º de zonas ....

N.º de Woredas ....

N.º de FTCs ....

N.º de ATVET ....

A) NO OF PRE EXTENSION DEMOS

Crop	Number of Demos		
	FTC Level	ATVET Level	Total
1. Maize			
Variety (ies)			
Planting Time			
Fertilizer			
Planting Method (Row high population)			
Total			
2. Tef			
Variety (ies)			
Planting Time			
Fertilizer			
Planting Methods (Row low seed rate)			
Total			

3. Wheat				
Variety (ies)				
Planting Time				
Fertilizer				
Planting Methods (Row, 100 kg/ha)				
Total				
4. Barley				
Variety (ies)				
Planting Time				
Fertilizer				
Planting Methods				
Total				
5. Sorghum				
Variety (ies)				
Planting Time				
Fertilizer				
Planting Methods (Row, 100kg/ha)				
Total				
Grand Total				

B) NÚMERO DE DEMONSTRAÇÕES DE PACOTES COMPLETOS

Tipo de demonstração	Noof CLS-FMD	NO de LS-FD	Noof IMS-FD
Milho (Lavoura)			
Milho com Agricultura de Conservação			
Milho Com sistema push and pull			
Tef (Lavoura)			
Tef com agricultura de conservação			
Trigo (Lavoura)			
Trigo com agricultura de conservação			
Sorgo (Lavoura)			
Sorgo com agricultura de conservação			
Sorgo com sistema Push and Pull			
Cevada (Lavoura)			

Cevada com agricultura de conservação			
Total			

C) PACOTE DE EXTENSÃO FORMATO DO PLANO FÍSICO ANUAL

Atividade	Unidade	Quty	Calendário de funcionamento			
			Q1	Q2	Q3	Q4
i. Formação federal						
SMSs regionais TOT, RARI &. Reitores ATVET	#	10			X	
2. Formação regional						
TOT Zonal &. Woreda SMSs, professores ATVET						
Formação DA por Zonal &. Formandos TOT de Woreda orientados por formandos TOT regionais	# N.º de DA's	5000			X	X
EMTP Formação de agricultores pelos promotores públicos	# Número de agricultores formados	50,000			X	X
Outros agricultores Formação por DA's (líderes de rede, líderes de grupos de desenvolvimento).					X	X
3. Actividades agronómicas						X
3.1 Demonstrações geridas pelos agricultores						X
Seleção do local	# de Demonstração	2000			X	X
Formação de agricultores de demonstração pelos promotores públicos	# Número de agricultores formados	2000			X	X
Apoio DA (plantação, aplicação de fertilizantes).	# Número de visitas	100			X	X
DA Apoio (monda, controlo de pragas)	# Número de visitas	100			X	X
SMS Voltar a parar (Plantação, Fertappn).	# Número de visitas	20			X	X
SMS Backstopping (deservagem e pragas)	# Número de visitas	20			X	X
3.2. Demonstrações geridas pelo ATVET						
Seleção do local	# Número de sítios selecionados					
Formação de professores de agricultura, gestores de explorações agrícolas e estudantes de fitotecnia e outros, se necessário	# Número de formandos	500			X	
Apoio DA (plantação e aplicação de fertilizantes)	# deVisitas				X	X
DA Apoio (monda, controlo de pragas).	# deVisitas				X	X
SMS Backstopping (Plantação e fert).	# deVisitas				X	X
SMS Backstopping (monda e controlo de pragas)	# deVisitas				X	X
3.3. Demonstrações geridas pelo FTC						
Formação da direção da FTC	# Número de pessoas				X	X

Simpósio para todos os agricultores da FTC	# Número de agricultores				X	X
Preparação do terreno e plantação pelos agricultores	# Número de parcelas				X	X
Capina e fertilização pelos agricultores	# Número de parcelas		X		X	X
Controlo dos insectos pelos agricultores	# Número de parcelas		X		X	X
Colheita pelos agricultores	# Número de parcelas			X		
Apoio no terreno pelos SMS (plantação, aplicação de fertilizantes)	# deVisitas		X		X	X
Apoio no terreno por parte dos SMS (controlo de infestantes e de insectos-praga)	# deVisitas		X		X	X
4. dias de campo						
4.1. Dias de campo federais						
Na altura da plantação	# Número de dias de campo &. participantes				X	X
Maturidade precoce das culturas	# Número de dias de campo &. participantes		X		X	
Médio	# Número de dias de campo &. participantes			X		X
Maturidade tardia	# Número de dias de campo &. participantes			X		
4.2. Dias de campo regionais						
Na altura da plantação	# Número de dias de campo &. participantes				X	X
Maturidade precoce das culturas	# Número de dias de campo &. participantes		X		X	
Médio	# Número de dias de campo &. participantes			X		X
Maturidade tardia	# Número de dias de campo &. participantes			X		
4.3 Dias de campo dos agricultores						
Tempo de plantação	# Número de dias de campo &. participantes				X	X
Maturidade precoce das culturas	# Número de dias de campo &. participantes		X		X	
Médio	# Número de dias de campo &. participantes		X			X
Maturidade tardia	# Número de dias de campo &. participantes			X		
5. Exposições e feiras agrícolas						
Centro da cidade regional	# Número de eventos			X		

Centro da cidade local	# Número de eventos			X		
Nível ATVET	# Número de eventos		X	X	X	
Nível FTC	# Número de eventos		X	X	X	
6. Produção, distribuição e difusão de material de extensão					X	
Tradução e impressão dos PE na língua local	# Número de cópias				X	
Produzir cartazes na língua local					X	
Produzir e reproduzir X documentários em vídeo em X línguas locais			X	X	X	X
Organizar X grupos de escuta de rádio e X emissões			X	X	X	X
difusão X programas de vídeo			X	X	X	X
Tradução e impressão de manuais nas línguas locais	# Número de cópias			X		
Difusão de séries de programas de rádio através de canais regionais e FM	# de programas de rádio		X	X	X	X
transmitir séries de programas de televisão através de um canal de televisão regional	# de programas de TV		X	X	X	X
Transmitir a mensagem através da imprensa	# Número de programas de imprensa		X	X	X	X
7. Avaliação conjunta						
Visitas de campo da MEL às instituições parceiras	# Número de eventos			X		
Workshop de reacções conduzido por um organismo político de alto nível (com base no relatório conjunto sobre a MEL)	# Número de dias			X		
8. Preparação do pacote de extensão para o ciclo seguinte						
Seminário de revisão das demonstrações de pré-extensão (FTC, ATVET) realizadas pelo EIAR e pelos RARIs,	# Número de participantes			X		
Workshop de revisão de demonstrações de pacotes completos (FTC, ATVET, agricultores EMTP) pelo MdA, ATA e RBoAs,	# Número de participantes			X		
Workshops de revisão e intercâmbio das melhores práticas da época passada	# Número de participantes			X		
Análise dos novos resultados de investigação disponíveis do EIAR e dos RARI	# Número de participantes		X	X		

2. Formato do plano anual financeiro do pacote de extensão a nível de Feredar/Regional/zonal/woreda/FTC

Atividade	Quantidade	Custo unitário	Custo total	Orçamento	Orçamento Fonte	Calendário de desembolso de fundos			
						Q1	Q2	Q3	Q4
1. Formação federal									
SMSs regionais TOT, RARI e Decanos ATVET									
2. Formação regional									
TOT SMSs Zonais e Woreda, professores ATVET									
Formação DA por formandos TOT Zonal e Woreda orientados por formandos TOT Regionais									
EMTP Formação de agricultores pelos promotores públicos									
Outros agricultores Formação ministrada por promotores públicos (chefes de rede, chefes de grupos de desenvolvimento)									
3. Actividades agronómicas									
3.1 Demonstrações geridas pelos agricultores									
Seleção do local									
Formação de agricultores de demonstração pelos promotores públicos									
Apoio DA (plantação, aplicação de fertilizantes).									
DA Apoio (monda, controlo de pragas)									
SMS Back stopping (Plantação, aplicação de fertilizantes)									
SMS Backstopping (Deservagem e Pragas)									
3.2. Demonstrações geridas pelo ATVET									
Seleção do local									
Formação de professores de agricultura, gestores de explorações agrícolas e estudantes de fitotecnia, bem como de outros interessados									
Apoio DA (plantação e aplicação de fertilizantes)									

DA Apoio (monda, controlo de pragas)									
SMS Backstopping (Plantação e fertilização)									
SMS Backstopping (controlo de ervas daninhas e pragas)									
3.3. Demonstrações geridas pelo FTC									
Formação da direção da FTC									
Simpósio para todos os agricultores da FTC									
Preparação do terreno e plantação pelos agricultores									
Capina e fertilização pelos agricultores									
Controlo dos insectos pelos agricultores									
Colheita pelos agricultores									
Apoio no terreno pelos SMS (plantação, aplicação de fertilizantes)									
Apoio no terreno por parte dos SMS (controlo de infestantes e de insectos-praga)									
4. dias de campo									
4.1. Dias de campo federais									
Tempo de plantação									
Maturidade precoce das culturas									
Médio									
Maturidade tardia									
4.2. Dias de campo regionais									
Tempo de plantação									
Maturidade precoce das culturas									
Médio									
Maturidade tardia									
4.3 Dias de campo dos agricultores									
Tempo de plantação									
Maturidade precoce das culturas									
Médio									
Maturidade tardia									
5. Exposições e feiras agrícolas									
Centro regional da cidade									

Centro da cidade local									
Nível ATVET									
Nível FTC									
6. Produção, distribuição e difusão de material de extensão									
Tradução e impressão dos PE na língua local									
Produzir cartazes na língua local X									
Produzir e reproduzir X documentários em vídeo em X línguas locais									
Organizar X grupos de escuta radiofónica e X ciclos de escuta									
Organizar X eventos de exibição de vídeo									
Traduzir e imprimir manuais na língua local									
Difusão de séries de programas de rádio através de canais regionais e FM									
Difusão de séries de programas de televisão através de um canal de televisão regional									
Transmitir a mensagem através da imprensa									
7. Avaliação conjunta									
Visitas de campo da MEL às instituições parceiras									
Workshop de reacções conduzido por um organismo político de alto nível (com base no relatório conjunto sobre a MEL)									
8. Preparação do pacote de extensão para o ciclo seguinte									
Seminário de revisão das demonstrações de pré-extensão (FTC, ATVET) realizadas pelo EIAR e pelos RARIs,									
Workshop de revisão de demonstrações de pacotes completos (FTC, ATVET, agricultores EMTP) pelo MdA, ATA e RBoAs,									
Workshops de revisão e intercâmbio das melhores práticas da época passada									
Análise dos novos resultados de investigação disponíveis do EIAR e dos									

RARI									

3. Pacote de extensão a nível de Feredar/Regional/zonal/woreda/FTC Demonstração no terreno Orçamento parcial da exploração

Exercício orçamental ....

Região ....

N.º de zonas ....

N.º de Woredas ....

Formato do orçamento parcial da exploração agrícola para demonstração pré-extensão

Necessidade de factores de produção por cultura	Demonstrações de nível FTC				Demonstrações de nível ATVET			
Unidade	**Quantidade**	**Custo unitário**	**Custo total**	**Unidade**	**Quantidade**	**Custo unitário**	**Custo total**	
1. Milho								
Pluviómetro de plástico								
Sementes melhoradas								
Adubo químico (UREA + DAP)								
Fertilizante químico (UREA + NPS)								
Composto								
Herbicida								
Inseticida								
Plantador de milho em linha								
Cortador de milho								
Desfolhador de milho - mecânico								
Desfolhador de milho de mão								
Total geral								
2. Tef								
Sementes melhoradas								
Adubo químico (UREA + DAP)								
Fertilizante químico (UREA + NPS)								
Composto								
Herbicida								

Inseticida								
Semeador em linha Tef								
Ceifeira-debulhadora Tef								
Total geral								
3. Trigo								
Sementes melhoradas								
Adubo químico (UREA + DAP)								
Fertilizante químico (UREA + NPS)								
Composto								
Herbicida								
Inseticida								
IBAR-BBM								
Plantador de linhas de trigo								
Cortador de culturas de trigo								
Ceifeira-debulhadora de trigo								
Total geral								
4. Sorgo								
Sementes melhoradas								
Adubo químico (UREA + DAP)								
Fertilizante químico (UREA + NPS)								
Composto								
Herbicida								
Inseticida								
Plantador de linhas de sorgo								
Cortador de culturas de sorgo								
Total geral								
5. Cevada								
Sementes melhoradas								
Adubo químico (UREA + DAP)								

Fertilizante químico (UREA + NPS)								
Composto								
Herbicida								
Inseticida								
Plantador de cevada em linha								
Cortador de culturas de cevada								
Ceifeira-debulhadora de cevada								
Total geral								
GG TOTAL								

B. Formato do orçamento parcial da exploração agrícola para os EMTP

Insumos necessários por cultura	CLS-FD				IMS-FTCD				ILS-ATVETD			
	Unidade	Quty	Custo unitário	Custo total	Unidade	Quty	Unidade custo	Total Custo	Unidade	Quty	Custo unitário	Custo total
1 Milho												
Sementes melhoradas	Q	20,000	1500	30 milhões de euros								
Fertilizante químico (UREA+ DAP)												
Fertilizante químico (UREA+ NPS)												
Composto												
Herbicida												
Inseticida												
Plantador de milho em linha												
cortador de milho												
Milho Desfolhador-me- cânico												
Desfolhador de milho de mão												
Pluviómetro de plástico												
2 Tef												

Sementes melhoradas												
Fertilizante químico (UREA+ DAP)												
Fertilizante químico (UREA+ NPS)												
Composto												
Herbicida												
Inseticida												
Semeador em linha Tef												
Ceifeira-debulhadora Tef												
3 Trigo												
Sementes melhoradas												
Fertilizante químico (UREA+ DAP)												
Fertilizante químico (UREA+ NPS)												
Herbicida												
Inseticida												
IBAR-BBM												
Plantador de linhas de trigo												
Cortador de culturas de trigo												
Ceifeira-debulhadora de trigo												
4. Sorgo												
Sementes melhoradas												
Fertilizante químico (UREA+ DAP)												
Fertilizante químico (UREA+ NPS)												
Composto												
Herbicida												
Inseticida												

Plantador de linhas de sorgo												
Cortador de culturas de sorgo												
5. Cevada												
Sementes melhoradas												
Fertilizante químico (UREA+ DAP)												
Fertilizante químico (UREA+ NPS)												
Herbicida												
Inseticida												
Plantador de cevada em linha												
Cortador de culturas de cevada												
Ceifeira-debulhadora de cevada												

4- Formato do quadro de registo do pacote de extensão a nível Feredar/Regional/zonal/woreda/FTC

Ano do plano ....

Região/Zona/Woreda/ FTC ....

Resumo narrativo	Indicadores objetivamente verificáveis	Meios de verificação	Pressupostos
Impacto			
Resultado (formato SMART desagregado por género)			
100 000 agricultores (60% MHH, 30% FHH, 10% Jovens) aumentaram a sua sensibilização para os pacotes completos Tef até maio de 2014.	Os agricultores nomeiam as variedades introduzidas	Chamada telefónica	Os agricultores têm acesso ao telemóvel
90 000 agricultores (60% MHH, 30% FHH, 10% Jovens) compreendem claramente os elementos dos pacotes completos Tef até julho de 2014.			
60 000 agricultores (60% MHH, 30% FHH, 10% Jovens) desenvolvem uma atitude positiva em relação a todos os elementos do pacote tecnológico Tef até julho de 2014.			
50 000 agricultores (60% MHH, 30% FHH, 10% Jovens) Desenvolveram competências			

na aplicação dos pacotes completos Tef até julho de 2014.			
50 000 agricultores (60% MHH, 30% FHH, 10% Jovens) mudam as suas práticas tradicionais de Tef até setembro de 2014.			
Resultados (formato SMART desagregado por género)			
100.000 agricultores (60% MHH, 30% FHH, 10% jovens) receberam um dia de formação sobre o pacote completo de extensão Tef até junho de 2014	Preparação de materiais de formação	PRA	Existe uma parceria efectiva entre o MdA, a ATA e os RBoAs
Actividades			
A unidade regional de produção de material de extensão produz 2 filmes vídeo e distribui 100 cópias de cada um para 16 woredas de Tef até maio de 2014			
Organizar uma série de programas de formação para 10.000 agricultores de Tef EMTP (60% MHH, 30% FHH, 10% jovens) sobre o pacote completo de Tef por DAs implantados em 16 Tef woredas até maio de 2014	Agricultores formados	Inquérito	SMS qualificados disponíveis
Entradas/Recursos			
100, milhões de birr			
2 Veículos do tipo station wagon	# Número de carros disponíveis	Inventário	Serviço de aprovisionamento eficiente

Inovações para ajudar o nosso país a crescer.

Printed by Books on Demand GmbH, Norderstedt / Germany